高等学校计算机科学与技术教材

嵌入式系统开发项目教程

——基于 STM32CubeMX+HAL 库

曾文权　王　辉　王亚涛　编著

清华大学出版社

北京交通大学出版社

·北京·

内 容 简 介

本书基于项目式教学的思路，选用意法半导体公司的 32 位基于 Cortex-M3 内核的微控制器，并采用 STM32CubeMX+HAL 库的开发方式，从零开始，由浅入深地构建了 8 个嵌入式项目，以帮助读者"做中学、学中做"，快速提升嵌入式技术的应用技能。本书适用于应用型本科和高职院校的物联网、嵌入式技术、电子信息工程、自动化等专业，可作为"单片机原理与应用"和"嵌入式技术"等课程的教材，也可作为工程实训、电子制作与竞赛的实践教材。

图书在版编目（CIP）数据

嵌入式系统开发项目教程：基于 STM32CubeMX+HAL 库/曾文权，王辉，王亚涛编著．—北京：北京交通大学出版社；清华大学出版社，2022.7（2024.8 重印）

ISBN 978-7-5121-4732-4

Ⅰ. ① 嵌…　Ⅱ. ① 曾…　② 王…　③ 王…　Ⅲ. ① 微控制器-系统开发　Ⅳ. ① TP332.3

中国版本图书馆 CIP 数据核字（2022）第 084394 号

嵌入式系统开发项目教程

QIANRUSHI XITONG KAIFA XIANGMU JIAOCHENG

责任编辑：谭文芳

出版发行：清 华 大 学 出 版 社　　邮编：100084　　电话：010-62776969　　http://www.tup.com.cn
　　　　　北京交通大学出版社　　邮编：100044　　电话：010-51686414　　http://www.bjtup.com.cn

印 刷 者：北京时代华都印刷有限公司

经　　销：全国新华书店

开　　本：185 mm×260 mm　　印张：14　　字数：355 千字

版 印 次：2022 年 7 月第 1 版　　2024 年 8 月第 3 次印刷

定　　价：49.00 元

本书如有质量问题，请向北京交通大学出版社质监组反映。对您的意见和批评，我们表示欢迎和感谢。

投诉电话：010-51686043，51686008；传真：010-62225406；E-mail：press@bjtu.edu.cn。

本书编委会

前　　言

在当今社会中，嵌入式技术的应用无处不在，随着物联网、智能硬件、人工智能等先进技术的普及，嵌入式技术的应用会更加广泛。本书根据嵌入式技术的特点，在传统教材的基础上，进行了大量便于教学的改进，主要特点为：

1. 采用 STM32CubeMX+HAL 库的开发方式，能够图形化配置初始代码，不是关注初始化程序，而是关注 HAL 库函数的 API，使读者上手更快。

2. 基于项目式教学的思路进行编写，全书包含 8 个项目，共 22 个任务，每个任务都包含若干理论知识点与任务实施步骤，以快速开发为目的，适合实践教学。

3. 面向行业，内容深入浅出，理论部分讲解力求生动，实践部分逐步深入，无须传统的 51 或者 AVR 单片机作为入门，直接应用 STM32，项目内容贴近行业应用。

全书共 8 个项目，项目 1 简单介绍了嵌入式系统的概念，然后搭建 STM32 开发环境，不写一行代码点亮 LED。项目 2 深入寄存器，从使用指针操作寄存器，到封装寄存器，编写自己的库函数，最后引入 HAL 库函数，让读者知道寄存器的作用，也能理解库函数的原理。项目 3 到项目 7 讲述 STM32 的 GPIO、外部中断、串口、定时器、ADC 与 DMA，这是应用单片机不可或缺的基础知识。其中，项目 6 的小案例比较有趣，使用定时器输出 PWM，驱动蜂鸣器，演奏《两只老虎》《超级玛丽》等音乐。项目 7 使用 ADC 与 DMA 获取光敏电阻值，同时也介绍了数据滤波和根据电阻值计算光照度的思路。项目 8 是综合应用，通过RS485 总线与 Modbus 协议设计多路环境采集系统，使用上位机获取光照度与温湿度的值，或者下发控制命令。

本书的编写得到了中国高科集团自始至终的支持与帮助。中国高科集团为本书的编写提供了大量产业资源，特别是在确定项目案例、编写配套源码和实验器材方面，耗费了大量人力物力；其所属的"高科教育发展研究院新工科教材编委会"的专家对本书内容进行了认真的审阅，并对教学资源的配套和编写给予了耐心的指导与帮助。在此表示由衷的感谢！

本书配套的工程文件可扫描扉页的二维码获取。

由于作者水平有限，书中难免存在错误或不妥之处，恳请读者批评指正。

编　者
2022 年 6 月

目　　录

项目 1

STM32 开发初体验

项目概述

工欲善其事，必先利其器。在进行 STM32 为核心的嵌入式系统开发之前，要先了解嵌入式的基本概念，准备好相应的软硬件环境。本项目讲解嵌入式系统的基本知识，如何搭建 STM32 单片机的开发环境，以及使用 HAL 库函数点亮 LED。若 LED 点亮，则说明开发环境没有问题。有趣的是，虽然本书的主要内容是介绍如何编写 STM32 单片机的代码，然而本项目连一行代码也不需要编写，就能实现点亮 LED。

学习目标

序　号	知 识 目 标	技 能 目 标
1	了解 STM32 点亮 LED 的原理	能够使用配套设备点亮 LED
2	熟悉各个开发软件或者软件包、驱动的功能	能够在自己的计算机上完成 STM32 开发环境的搭建
3	熟悉 STM32CubeMX 的基本用法	能够应用 STM32CubeMX 生成点亮 LED 的代码

任务 1.1　嵌入式系统简介

任务分析

信息时代和数字时代的到来，为嵌入式系统的发展带来了新的机遇和挑战。云计算-物联网-大数据-人工智能，技术革命一浪接一浪，技术创新一波接一波。嵌入式技术作为连接芯片、产品和应用的纽带作用不可替代。物联网催生了嵌入式技术向无线、低功耗和轻量化方向发展，人工智能和边缘计算让嵌入式技术向智能化领域迈进。那么，什么是嵌入式系统呢？

1.1.1　嵌入式系统的概念及特点

根据 IEEE（国际电气电子工程师协会）的定义，嵌入式系统是"控制、监视或者辅助设备、机器和车间运行的装置"。目前嵌入式系统国内普遍认同的定义是：以计算机技术为基础，以应用为中心，软件、硬件可剪裁，适合应用系统对功能可靠性、成本、体积、功耗严格要求的专业计算机系统。

嵌入式系统是一种专用的计算机系统，有别于通用计算机。通用计算机系统以数值计算和处理为主，包括巨型机、大型机、中型机、小型机、微型机等。其技术要求是高速、海量的数值计算，技术方向是总线速度的无限提升、存储容量的无限扩大。嵌入式系统以对象的控制为主，其技术要求是对对象的智能化控制能力，技术发展方向是与对象系统密切相关的嵌入性能、控制能力与控制的可靠性，它主要有以下特点。

> 专用性：嵌入式系统与具体应用紧密结合，具有很强的专业性。它按照特定的应用需求进行设计，完成预定的任务。
> 隐蔽性：嵌入式系统通常总是非计算机设备中的一个部分，它们隐藏在其内部，不为人知。人们只关心宿主设备的功效、性能及操作使用，很少有用户知道或愿意了解隐藏在内部的嵌入式系统。
> 资源受限：嵌入式系统通常要求小型化、轻量化、低功耗及低成本，因此软硬件资源受到严格的限制。
> 大批量生产的嵌入式系统对成本敏感：要尽可能缩减成本，一般使用高度集成的CPU 或者定制芯片，每部分都设计成使用最小的系统功耗。
> 高可靠性：大多数面向控制应用，任何误动作都可能产生致命的后果。
> 实时性：必须在一个可预测和有保证的时间范围内对外部事件做出正确的反应。
> 软件固化：嵌入式系统是一个软硬件高度结合的产物，嵌入式系统中的软件一般都固化在只读存储器（read-only memory，ROM）中，用户通常不能随意变更其中的程序功能。

嵌入式系统主要的应用领域有：

> 在智能消费电子中的应用：智能手机、平板电脑、家庭音响、玩具等。
> 在工业控制中的应用：打印机、工业过程控制、数字机床、电网设备检测等。
> 在医疗设备中的应用：血糖仪、血氧计、人工耳蜗、心电监护仪等。
> 信息家电及家庭智能管理系统：智能冰箱和空调、远程自动抄表、安防监控、点菜器等。
> 在网络与通信系统中的应用：智能手机、平板电脑、ATM、自动售货机等。
> 环境工程：水文资源实时监测、防洪体系及水土质量检测、堤坝安全、地震监测网等无人监测。
> 机器人：工业和服务机器人。

1.1.2　嵌入式系统与嵌入式处理器

嵌入式系统与通用计算机一样，也是由硬件子系统和软件子系统两部分组成。软件子系统由驱动程序，操作系统（可选）和应用程序组成；硬件子系统一般包括运算器、控制器、存储器、输入设备和输出设备等，如图 1-1 所示。

运算器、控制器等部件集成在一起统称为中央处理器，中央处理器也称中央处理单元（central processing unit，CPU）。CPU 是计算机系统的核心部件，它负责获取程序指令、对指令进行译码并加以执行。嵌入式系统中的 CPU 简称嵌入式处理器。它有多种分类方式，如图 1-2 所示。

1. 按照字长分类

字长指的是 CPU 中通用寄存器和定点运算器的二进位宽度。CPU 的字长有 4 位、8 位、16 位、32 位、64 位之分。现在嵌入式系统中常使用 8 位、16 位、32 位系统，通用计算机的 CPU 则以 64 位为主。

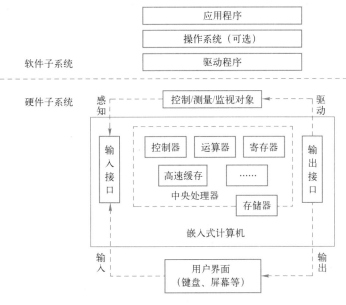

图 1-1　嵌入式系统的组成

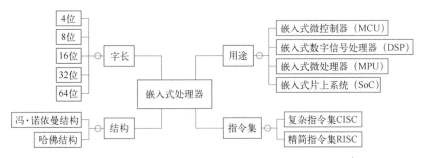

图 1-2　嵌入式处理器的分类

2. 按照结构分类

按照结构不同，主要分为哈佛结构与冯·诺依曼结构两种。哈佛结构是一种将程序指令存储和数据存储分开的存储器结构。冯·诺依曼（美籍匈牙利数学家、计算机科学家、物理学家，现代计算机之父）提出"程序本身也是一种数据"。哈佛结构认为 CPU 应该分别通过 2 组独立的总线来对接程序指令和数据，而冯·诺依曼结构认为 CPU 通过 1 组总线来分时获取程序指令和数据即可，两者区别如图 1-3 所示。

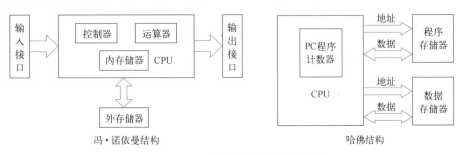

图 1-3　冯·诺依曼结构与哈佛结构

3. 按照指令集分类

按照指令集不同，可以分为复杂指令集与精简指令集两种。

复杂指令集计算机（complex instruction set computer，CISC）的基本思想是进一步增强原有指令的功能，用更为复杂的新指令取代原先由软件子程序完成的功能，实现软件功能的硬化，导致计算机的指令系统越来越庞大、复杂。目前大多数的计算机都属于CISC 类型。

精简指令集计算机（reduced instruction set computer，RISC）的基本思想是通过减少指令总数和简化指令功能，降低硬件设计的复杂度，使指令能单周期执行，并通过优化编译提高指令的执行速度，使机器的指令系统进一步精练而简单。

CISC 和 RISC 是指令集发展的两种途径。在实际使用中，人们发现，典型程序中 80% 的语句仅使用到指令系统中 20% 的指令。精简指令集计算机，其设计特点是简化指令集，只设置使用频度高的一些简单指令，复杂指令功能由多条简单指令组合来实现。

4. 按照用途分类

嵌入式处理器根据用途的不同，主要分为以下几类。

嵌入式微控制器（microcontroller unit，MCU），俗称单片机。将整个计算机硬件的大部分甚至全部功能集成在一块芯片中，除了 CPU 外，芯片内还集成了 ROM、RAM、总线、定时/计数器、看门狗、I/O 接口、A/D 转换器、D/A 转换器等各种必要的功能部件和外设接口。它只需要很少的外接电路就能独立工作，因此体积减小，功耗和成本降低，可靠性也相应提高。

嵌入式微处理器（embedded microprocessor unit，EMPU 或 MPU），MPU 嵌入式微处理器是由通用计算机中的 CPU 演变而来的，与计算机处理器不同的是，在实际嵌入式应用中，只保留和嵌入式应用有关的母板功能，这样可以大幅度减小系统体积和功耗。实践应用中，嵌入式微处理器需要在芯片外配置 RAM 和 ROM，根据应用要求往往要扩展一些外部接口设备，如网络接口、GPS、A/D 接口等。嵌入式微处理器及其存储器、总线、外设等安装在一块电路板上，称为单板计算机（单板机）。嵌入式微处理器在通用性上有点儿类似通用处理器，但前者在功能、价格、功耗、芯片封装、温度适应性、电磁兼容方面更适合嵌入式系统应用要求。

嵌入式数字信号处理器（embedded digital signal processor，EDSP 或 DSP），是一种专用于数字信号处理的微处理器，它对通用处理器的逻辑结构和指令系统进行了优化设计，使之能够更好地满足高速数字信号处理的要求，显著提高了音频、视频等数字信号处理效率。

嵌入式片上系统（system on chip，SoC）：某一类特定的应用对嵌入式系统的性能、功能、接口有相似的要求，针对嵌入式系统的这个特点，利用大规模集成电路技术将某一类应用需要的大多数模块集成在一个芯片上，从而在芯片上实现一个嵌入式系统大部分核心功能，这种处理器就是 SoC。SoC 把微处理器和特定应用中常用的模块集成在一个芯片上，应用时往往只需要在 SoC 外部扩充内存、接口驱动、一些分立元件及供电电路就可以构成一套实用的系统，极大地简化了系统设计的难度，同时还有利于减小电路板面积、降低系统成本、提高系统可靠性。SoC 是嵌入式处理器的一个重要发展趋势。一般高端的、定制的嵌入式系统均采用 SoC。

1.1.3　ARM 公司与 ARM 处理器

主流的嵌入式微处理器体系有 ARM、MIPS、PowerPC、SH、X86 等。ARM 是 Advanced RISC Machines 的缩写，它是一家微处理器行业的知名企业，该企业设计了大量高性能、廉价、耗能低的 RISC 处理器。ARM 公司的特点是只设计芯片，而不生产。它将技术授权给世界上许多著名的半导体、软件和 OEM 厂商，并提供服务。通常所说的 ARM 微处理器，其实是采用 ARM 知识产权（IP）核的微处理器。

ARM 处理器定义了以下三大系列。

（1）Cortex-A 系列：面向基于虚拟内存的操作系统和用户应用，主要用于运行各种嵌入式操作系统（Linux、WindowsCE、Android、Symbian 等）的消费娱乐和无线产品。

（2）Cortex-M 系列：主要面向微控制器领域，用于对成本和功耗敏感的终端设备，如智能仪器仪表、汽车和工业控制系统、家用电器、传感器、医疗器械等。

（3）Cortex-R 系列：该系列主要用于具有严格的实时响应限制的深层嵌入式实时系统。

ARM 是一个做标准的公司，它负责的是芯片内核的架构设计，而其他一些公司如德州仪器、意法半导体、兆易创新等公司，根据 ARM 公司提供的芯片内核标准设计自己的芯片。以 Cortex-M3 为例，如图 1-4 所示，所有 Cortex-M3 的芯片，其内核结构都是一样的，不同的是它们的存储器容量，片上外设以及其他模块的区别。

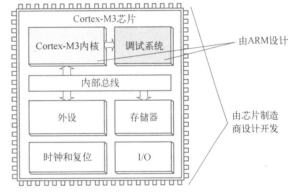

图 1-4　Cortex-M3 芯片内部结构

因此，ARM 既是一家公司的名字，也是一类处理器的名字，还是一种技术的名字。ARM 本来是做微处理器的，但是也做了微控制器（Cortex-M 系列）。有一些 ARM（Cortex-M 系列）是哈佛结构，而另一些 ARM（Cortex-A 系列）是冯·诺依曼结构。

1.1.4　STM32 系列单片机

STM32 从字面意思上来理解，ST 是意法半导体公司（由意大利的 SGS 微电子公司和法国 Thomson 半导体公司合并而成，简称 ST），M 是微控制器（Microelectronics）的缩写，其中 32 表示的是 32 位，那么整合起来理解就是：STM32 就是指的 ST 公司开发的 32 位微控制器。

意法半导体是世界领先的提供半导体解决方案的公司，生产信号调节、传感器、二极管、功率晶体管、存储器、射频晶体管、微控制器等多达 32 类产品。其生产的微控制器包含 8 位和 32 位。其中 STM32 系列单片机是目前最流行的 Cortex-M 微控制器。STM32 流行的原因有几点：极高的性价比，丰富合理的外设，强大的软件支持，及庞大的用户基础。

STM32 系列单片机型号众多，常用的系列有：F 基础型（主流）、L 超低功耗、H 高性能、G 主流型，如图 1-5 所示。

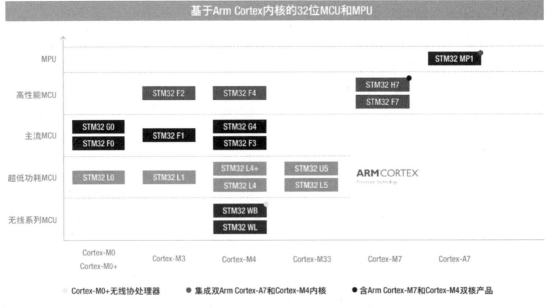

图 1-5　STM32 系列单片机

STM32F103 系列单片机是 ST 公司基于 32 位 ARM Cortex-M3 内核，主要面向工业控制领域推出的微控制器芯片。其集成度高，外围电路简单，配合 ST 公司提供的库函数，开发者可以快速开发高可靠性的工业级产品。STM32F103 系列应用最广泛，资料最丰富，也是初学者最易学习的一个系列。

STM32 系列的命名遵循一定的规则，通过名字可以确定该芯片引脚、封装、Flash 容量等信息，如图 1-6 所示。

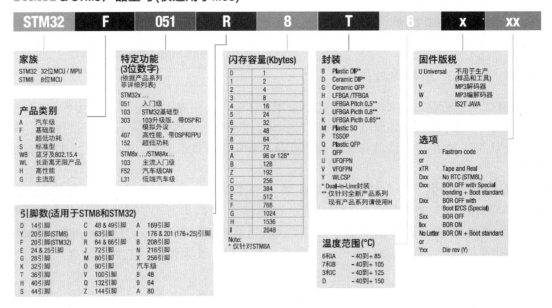

图 1-6　STM32 产品型号说明

1.1.5   嵌入式系统开发的过程

完整的嵌入式系统开发一般来说分为系统总体设计、嵌入式硬件开发和嵌入式软件开发3大部分。如图 1-7 所示，在完成系统定义、可行性研究与需求分析等准备工作后，则要进行系统总体设计。系统总体设计包括系统总体框架，软硬件划分，开发环境、操作系统、处理器等选定；软、硬件设计都包括各自的概要设计、详细设计、制作与测试，可以由不同的工程师合作，同步进行；当完成软、硬件集成与性能测试后，如果符合要求，则可以作为产品；否则，要查找问题，修改设计。

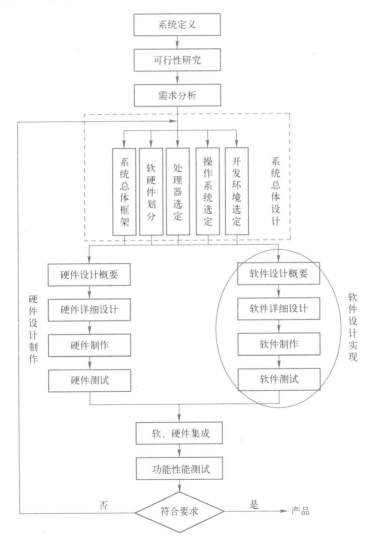

图 1-7   嵌入式系统开发标准流程

本书虽然以 STM32F103 系列单片机为例，讲解嵌入式系统开发，但不代表任何项目都要选择 STM32F103 单片机。嵌入式处理器的选型是一个复杂的任务，只有选定了嵌入式处理器，才可以着手进行嵌入式软、硬件的设计。选择合适的嵌入式处理器芯片可以提高产品质量，减少开发费用，加快开发周期。

古人云，"尽信书则不如无书"，在学习嵌入式系统开发时，"尽信开发板则不如无开发板"。从学习的角度来讲，可以使用 STM32 单片机开发板，不用担心硬件设计出现问题，只需要关注软件设计。这种做法无可厚非，但是容易使初学者忽视硬件问题，以为嵌入式开发只有软件开发。有些刚走上工作岗位的初级工程师做项目时，没有开发板就无处下手，特别是当系统发生了难以理解的错误时，无法确认到底是程序写错，还是目标平台的硬件电路有问题。完整的嵌入式系统包括软件与硬件，编程人员除了要了解如何编写程序以外，还要了解一些硬件设计的内容。嵌入式程序不是"写"出来的，而是调试出来的。在软硬件联调过程中积累的经验是只用开发板学不到的，而这些经验对于嵌入式系统开发又是不可或缺的。

任务 1.2   安装 STM32 的相关软件、软件包

任务分析

工程师在计算机上编写程序，但程序是在单片机内运行的，因此需要把在计算机上编写的程序"翻译"为单片机能够执行的程序，然后把程序下载到单片机内。本任务的主要内容是安装"编写+翻译软件"，以及安装下载器的驱动（下载器也称烧写器、烧录器、仿真器等）；然后使用 STM32CubeMX 生成一段测试代码，用于点亮 LED，并把测试代码下载到单片机内，观察现象。以上过程如图 1-8 所示。如果对应 LED 灯正常点亮，说明 STM32CubeMX 软件、MDK-ARM 软件安装正常，下载器的驱动正常，电路板工作正常。

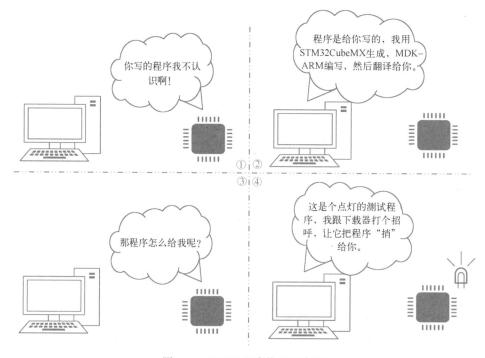

图 1-8   STM32 程序烧录示意图

知识准备

1.2.1　MDK-ARM 简介

　　Keil 公司是一家业界领先的微控制器软件开发工具的独立供应商。Keil 公司于 2005 年被 ARM 公司收购。本书使用 Keil 公司开发的 MDK-ARM 软件,把计算机程序"翻译"为单片机程序。MDK-ARM 软件为基于 Cortex-M、Cortex-R4、ARM7、ARM9 等处理器的设备提供了一个完整的开发环境。它包含了编辑器、调试器、编译器等多种功能,被称为集成开发环境(integrated development environment,IDE)。也有些工程师习惯直接称 MDK-ARM 软件为 Keil。

　　本书使用的单片机为 STM32,它是由意法半导体公司开发的 32 位微控制器。它与 Keil 软件并无绑定关系,Keil 软件并非专门为 STM32 定制,STM32 的开发环境除 Keil 软件外,也可以选择 IAR、STM32CubeIDE 等。Keil 软件应用广泛,支持很多种型号的单片机,应用 Keil 软件来编写 STM32 单片机的程序,便于读者将来使用 Keil 软件学习其他类型的单片机。

1.2.2　STM32Cube 简介

　　Cube 是"立方体"的意思,一个大的立方体由无数个小立方体构成。STM32Cube 是一套免费的工具。它为了适应日益复杂的设计需求,采用了类似于堆立方体的积木式思想,在 STM32 平台上能够实现快速简单的开发,减少开发的工作、时间和成本。

　　STM32Cube 包含 STM32CubeMX、HAL(hardware abstraction layer,硬件抽象层)库、LL(low layer,底层)库以及一些中间件(例如 RTOS、USB、FAT 文件系统,TCP/IP 等)。由于 STM32Cube 有良好的程序架构,使用 STM32Cube 的 STM32 系列单片机之间有极好的可移植性。目前 STM32Cube 已经逐渐形成一套生态系统,既包含一系列 PC 软件,又包含软件的库,如图 1-9 所示。

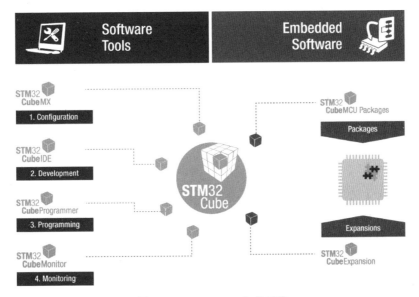

图 1-9　STM32Cube 生态系统

1.2.3　STM32CubeMX 简介

STM32CubeMX 是 STM32Cube 生态系统中的一个软件或插件。它能够通过一系列的鼠标操作，用图形界面配置 STM32 微控制器和微处理器，生成相应的初始化 C 代码。它的界面如图 1-10 所示。

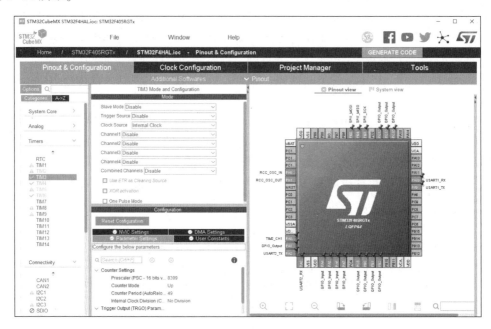

图 1-10　STM32CubeMX 的界面

1.2.4　STM32 开发方式介绍

STM32 的开发方式主要有 3 种：寄存器开发、固件库开发和操作系统开发。

1. 寄存器开发

有过 51 单片机开发经验的读者应该不陌生，这种开发方式需要编写汇编或者 C 语言直接操作寄存器，开发者要对单片机的底层寄存器、工作原理与架构十分熟悉。小部分老工程师喜欢这种开发方式，认为接近原理，知其然也知其所以然。寄存器开发方式，生成的目标代码最小，程序的执行效率最高。但是对于 STM32 这种级别的单片机来说，寄存器数量众多，开发难度较大。

2. 固件库开发

这是目前最为主流的开发方式，其核心思想是把单片机的功能进行封装，给用户一个现成的接口函数，用户不用去管寄存器到底是如何操作的，直接调用接口函数，即可使用这些功能。固件库的种类是多种多样的，ST 公司官方推出的库主要有标准外设库（standard peripherals library，STD 库）与 HAL 库两种。与 STD 库相比，HAL 库有更高的抽象整合水平，HAL 库的 API（application programming interface，应用程序接口）集中关注各外设的公共函数功能，这样便于定义一套通用的 API 函数接口，从而可以轻松实现从一个 STM32 产品移植到另一个不同的 STM32 产品。HAL 库是 ST 公司未来主推的库，ST 公司推出的芯片（如 F7 系列）已经没有 STD 库了。目前，只有 HAL 库支持 STM32 全线产品。

3. 操作系统开发

操作系统开发指移植嵌入式操作系统，如 RT-Thread、FreeRTOS、μC/OS-Ⅱ等操作系统，利用嵌入式操作系统提供的架构、设备驱动、函数等，完成较复杂单片机项目的开发。寄存器开发与固件库开发都没有使用操作系统，也称为裸机开发。使用操作系统开发是学习成本最高的开发方式，需要较好的 C 语言基础，知道操作系统的工作原理；也是收益最高的开发方式，写出的程序拥有较好的扩展性与可移植性，不同操作系统的原理类似，可以举一反三。操作系统无须从零开始编写，只需要将某个操作系统移植到对应的硬件平台即可。一般建议能够灵活使用固件库开发以后，遇到较复杂的单片机项目，再使用操作系统开发。

任务实施

1. 安装 MDK-ARM

（1）MDK-ARM 的安装包可以登录 Keil 公司官网下载，可能需要填写一些信息，下载地址为 https://www.keil.com/download/product/。下载完毕后，双击安装包（本书使用的版本为 5.25），在打开的欢迎界面中单击 Next 按钮，如图 1-11 所示。

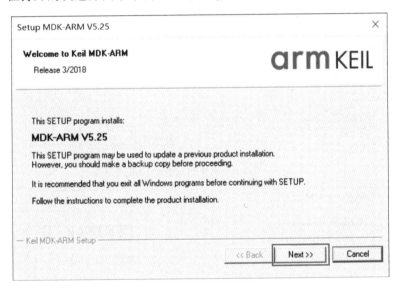

图 1-11　MDK-ARM 的欢迎界面

（2）在打开的许可界面中，选择 I agree to all the terms of the preceding License Agreement（我同意上述许可协议的所有条款），单击 Next 按钮，如图 1-12 所示。

（3）在打开的安装路径设置界面中，建议保持默认安装路径的设置，单击 Next 按钮，如图 1-13 所示。

（4）在打开的用户信息界面中，填写个人信息，单击 Next 按钮，如图 1-14 所示。

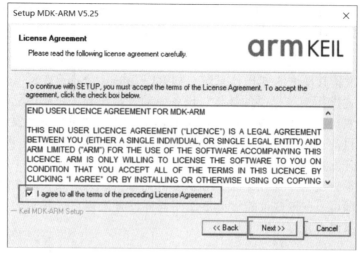

图 1-12　MDK-ARM 的许可界面

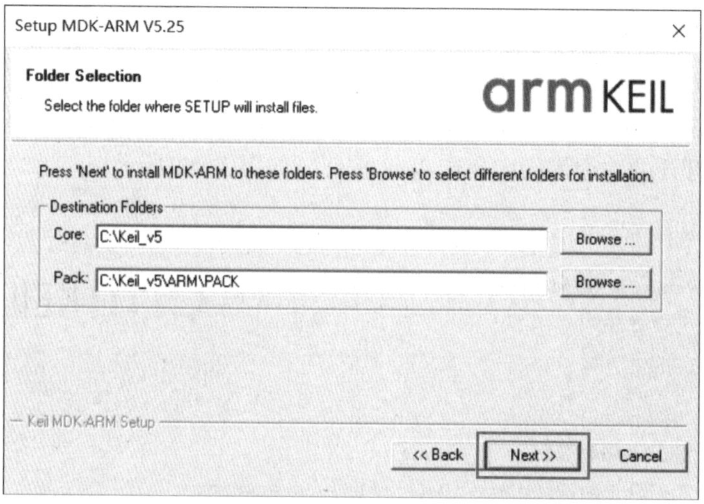

图 1-13　MDK-ARM 的安装路径设置界面

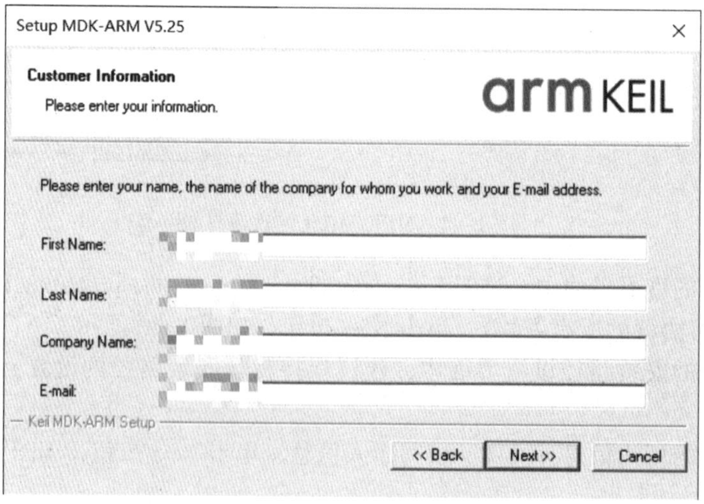

图 1-14　MDK-ARM 的用户信息界面

（5）如果计算机上没有安装过下载器的驱动，则有可能提示安装名为"KEIL-Tools By ARM 通用串行总线控制器"的设备软件，如图 1-15 所示，单击"安装"按钮即可。如无提示可忽略此步骤，或者关闭此提醒，手动安装下载器的驱动。

图 1-15　MDK-ARM 的设备软件安装界面

（6）系统会显示安装进度，等待读条完毕，单击 Finish 按钮关闭安装程序，如图 1-16 所示。

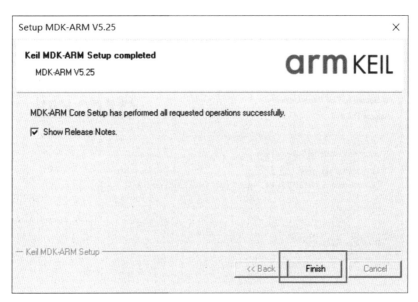

图 1-16　MDK-ARM 的安装完成界面

（7）完成 MDK-ARM 软件的安装以后，会自动打开软件，并自动安装常用芯片的软件包，如图 1-17 所示。一般情况下自动安装软件包的速度较慢，建议关闭软件包安装器，手动安装。

MDK-ARM 是付费软件，如有条件，请支持正版，或者自行搜索注册方法。

2. 安装 STM32F1 软件包

MDK-ARM 支持的单片机种类非常多，使用不同型号的单片机要安装不同的软件包。

软件包的下载地址为 https://www.keil.com/dd2/pack/。本书使用 STM32F103 单片机,因此需要下载 STM32F1 软件包,它通常名为 Keil.STM32F1xx_DFP.2.X.X.pack。下载完之后,双击打开安装包,界面如图 1-18 所示,按照提示安装。

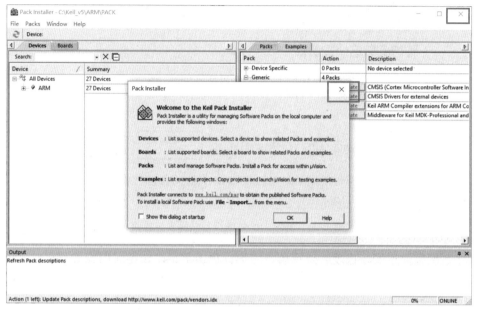

图 1-17　MDK-ARM 的软件包安装器界面

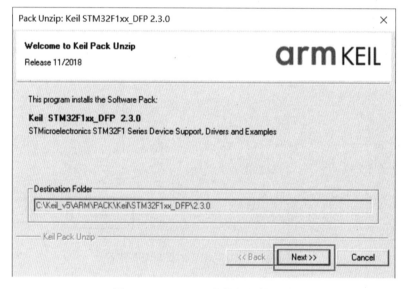

图 1-18　STM32F1 软件包安装界面

3. 安装 STM32CubeMX

由于 STM32CubeMX 软件是用 Java 编写的,安装 STM32CubeMX 之前,计算机中要有 Java 运行时环境(Java runtime enviroment,JRE)。可以到 Java 官网下载 JRE 的安装包(https://java.com/en/download/manual.jsp)。双击安装包,按照提示安装,如图 1-19 所示。

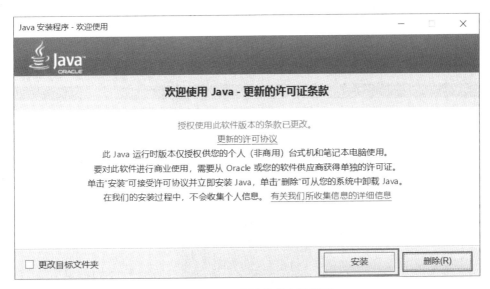

图 1-19　Java 安装程序欢迎界面

STM32CubeMX 软件可以从网址 https://www.st.com/stm32cube 下载。双击安装包，进入欢迎界面后单击 Next 按钮；进入许可界面后，选择 I accept the terms of this license agreement，单击 Next 按钮，然后按照提示安装，如图 1-20 所示。

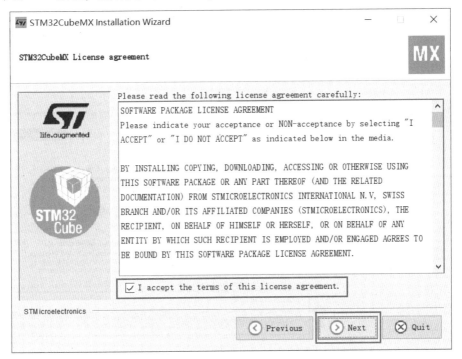

图 1-20　STM32CubeMX 的许可界面

4. 配置 STM32CubeMX 工程

STM32CubeMX 安装完毕后，打开软件。第一次运行 STM32CubeMX 时可能需要下载一些配置文件，应当保持计算机处于联网状态。当看到如图 1-21 所示的工程创建界面时，单击 Start My project from MCU 下的 ACCESS TO MCU SELECTOR（从单片机开始我的工程，进入单片机选择器）。

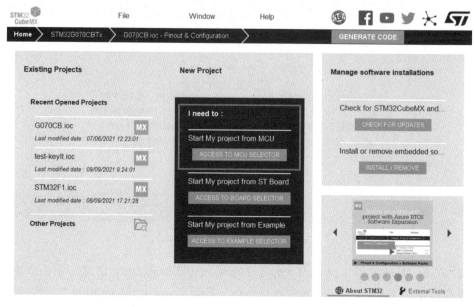

图 1-21　STM32CubeMX 的工程创建界面

选择单片机的型号

如图 1-22 所示，选择单片机的型号。以 STM32F103C8T6 单片机为例，具体单片机型号可以根据读者手中的开发板决定。

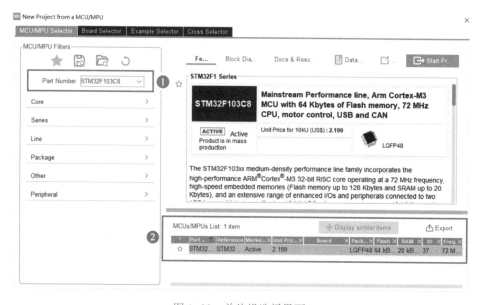

图 1-22　单片机选择界面

（1）在搜索框中输入单片机型号 STM32F103C8（见①），右侧会有芯片的特性预览，例如价格、封装、主频等。

（2）双击右下角芯片列表中满足要求的芯片（见②），即可新建工程。

除了输入单片机型号外，也可以在左侧输入单片机的参数，将 STM32CubeMX 作为单片机的选型工具，从而确定单片机的型号。

设置系统时钟源

STM32F103 单片机系统的最高主频是 72 MHz。配套电路板中，使用了 8 MHz 的外部高速晶振。72 MHz 的主频可由 8 MHz 的晶振配置得到。

1. 将高速时钟的时钟源设置为晶振（如图 1-23 所示）

① 在工程创建界面中，切换到 Pinout & Configuration（引脚配置）界面（见①）。

② 在 Categories（目录）列表中选择 System Core（系统核心）（见②）。

③ 接着选择 RCC（reset clock control，复位与时钟控制）选项（见③），界面右边会显示相应的 RCC Mode and Configration（RCC 模式和设置）区域。

④ 在 High Speed Clock（高速时钟）下拉菜单中选择 Crystal/Ceramic Resonator（晶振/陶瓷振荡器）（见④），即可完成高速时钟的设置。

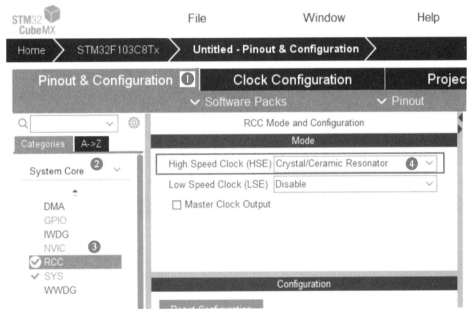

图 1-23 "引脚配置" 界面

2. 配置系统的时钟（如图 1-24 所示）

① 切换到 Clock Configuration（时钟配置）界面（见①）。

② 电路板上的晶振是 8 MHz，因此设置 HSE（high speed external clock signal，外部高速时钟信号）为 8 MHz，并选择 HSE（见②）。

③ 在 PLLMul（phase locked loop multiplication factor，锁相环倍增因数）中输入 "×9"（见③），表示将 8 MHz 的 HSE 乘以 9，得到 72 MHz 的 PLL。

④ 在 System Clock Mux 中选择 PLLCLK（见④），得到 72 MHz 的 SYSCLK（system clock，系统时钟）与 HCLK（AHB 总线时钟）。

⑤ 有些外设总线可以有不同的频率，但如果超过最高的频率，则会用紫色方块报错。在 APB1 Prescale（APB1 预分频器）中输入"/2"，对时钟进行 2 分频，以消除报错（见⑤）。

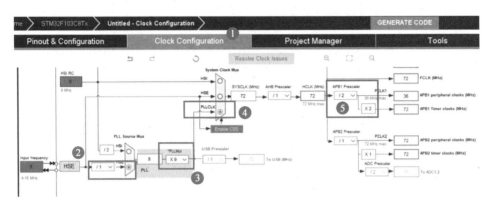

图 1-24　"时钟配置"界面

配置工程属性

生成工程前，要配置工程属性，设置工程的名字、路径、IDE 与包含的库文件等，如图 1-25 所示。

（1）切换到 Project Manager（工程管理器）界面（见①），默认选项卡为 Project。

（2）在 Project Name（工程名称）中输入合适的工程名称，例如 STM32F1（见②），这个名称要有实际含义，以免工程太多，无法区分；在 Project Location（工程位置）中输入工程的路径。

（3）在 Toolchain/IDE（工具链/集成开发环境）下，选择 MDK-ARM，最小版本为 V5（见③）。

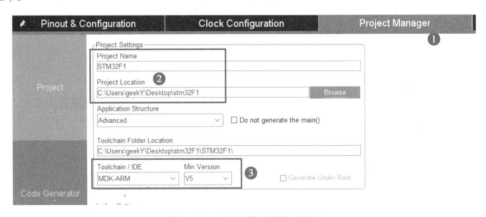

图 1-25　"工程管理器"界面

HAL 库支持的设备很多，包含的库文件也很多，其中有很多文件目前是用不到的。在添加代码时，建议只选择需要的库文件，无须把所有的库文件都复制到工程目录下，以减小工程文件占用的空间。具体操作如图 1-26 所示。

（1）在 Project Manager 页面，切换到 Code Generator（代码生成器）选项卡（见①与②）。

（2）选择 Copy only the necessary library files（仅复制必要的库文件）（见③）。

（3）确保不选择 Delete previously generated files when not re-generated（当先前添加的文件没有重新生成时，删除掉），其他选项无须改变（见④），以避免误删之前的文件。

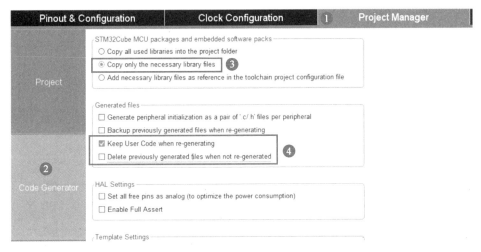

图 1-26　"代码生成器"选项卡

小提示：

由于 STM32CubeMX 软件目前对中文支持并不友好，为了避免出现莫名其妙的问题，建议工程的名称与路径全部使用英文。由于很多路径中包含了计算机的用户名，如果用户名是中文，就代表路径中也包含了中文，所以如果 STM32CubeMX 软件工作不正常，可以考虑下问题是否出自中文的用户名。

另外，有些系统比较陈旧的计算机不支持较新的 Java 运行时环境，导致 STM32CubeMX 工作也不正常，可以尝试下载相对旧版本的 JRE。

设置下载方式

下载 STM32 的程序可以选择多种下载器、多种下载方式。其中，J-Link 下载器成本低廉，SW（serial wire，串行线）下载方式占用引脚资源较少，因此常用 J-Link+SW 下载程序。MDK-ARM 中的设置 SW 下载方式如图 1-27 所示。

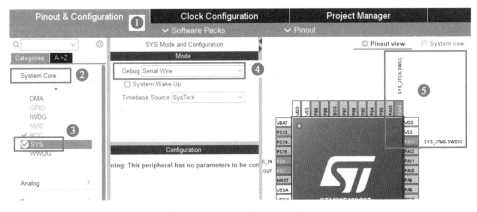

图 1-27　SW 下载方式的设置

（1）在工程创建界面中，切换到 Pinout & Configuration 界面（见①）。

（2）在 Categories 列表中选择 System Core（见②）。

（3）接着选择 SYS（system，系统）选项（见③），界面右边会显示相应的 SYS Mode and Configuration（系统模式和设置）区域。

（4）在 Debug 下拉菜单中选择 Serial Wire（见④），即可设置下载方式为 SW。

（5）可以看出在右侧 Pinout view（引脚视图）下，PA13 与 PA14 自动设置为下载引脚（见⑤）。

由于 STM32F103 单片机的下载引脚默认功能并非 SW 的下载引脚，如果没有正确配置下载方式，可能会遇到这样的情况：第 1 遍下载程序时没有问题，第 2 遍下载程序时就下载不下去了，需要按住复位按键，才能下载成功。

配置引脚

在 STM32CubeMX 的 Pinout view 界面中，可以单独设置每一个引脚的功能。若想点亮 LED，则需要找到开发板中 LED 对应的引脚。以图 1-28 所示的原理图为例，可知红灯 LED_R 连接的引脚是 PB0，黄灯 LED_Y 连接的引脚是 PB1，2 个 LED 都是低电平点亮。

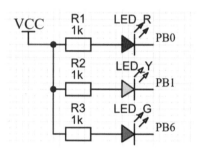

图 1-28　原理图中控制 LED 的引脚

在 Pinout view 界面中，找到 PB0 与 PB1，将其模式设置为 GPIO_Output（通用输出引脚），如图 1-29 所示。

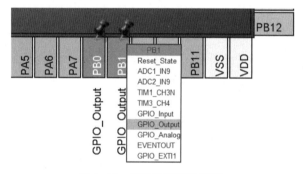

图 1-29　STM32 引脚的配置

接下来为 PB0 与 PB1 配置默认电平，让 PB0 默认输出低电平、PB1 默认输出高电平，操作如图 1-30 所示。

（1）在 Pinout & Configuration 界面下选择 System Core（见①）。

（2）选择 GPIO 选项（见②），界面右边会显示相应的 GPIO Mode and Configuration（通用输入输出模式和设置）区域。

（3）选中 PB1，在其 GPIO output level（GPIO 输出电平）下拉菜单中，选择 High（高电平），PB0 保持默认（见③与④）。

生成代码

完成以上操作后，如图 1-31 所示，在 STM32CubeMX 主界面的右上方，单击 GENERATE CODE（生成代码）按钮（见①）。如果第一次使用某个芯片，需要下载这个芯片对应的软件包。下载与安装过程是自动的，保持好网络连接，按照提示操作即可。

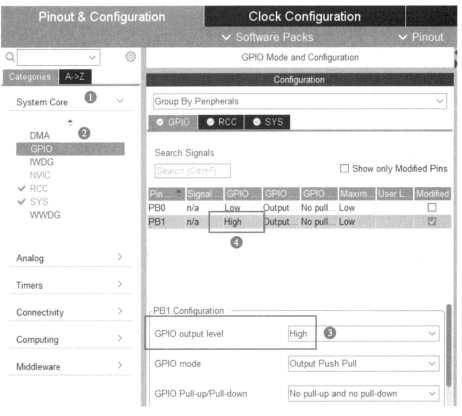

图 1-30　设置默认电平操作示意图

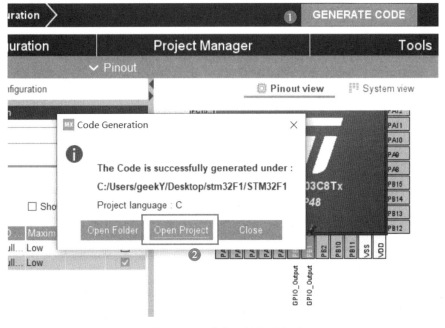

图 1-31　生成代码操作示意图

成功生成代码以后，会弹出提醒界面，单击 Open Project（打开工程）按钮（见②），则自动使用 MDK-ARM 软件打开了刚刚生成的工程。

如果下载软件包的速度太慢，可以到官网下载压缩包，解压到指定位置。下载地址是 https://www.st.com/en/embedded-software/stm32cubef1.html，得到的文件名称是 en.stm32cubef1_vX-XX-X.zip。计算机上的路径一般是 C:\Users\Adminstartor\STM32Cube\Repository。

3. 配置 MDK-ARM 与下载程序

MDK-ARM 除了可以编辑程序、编译程序外，还可以调试与下载程序。调试与下载程序前需要配置下载器与下载方式。将 J-Link 与计算机连接，并确保驱动已安装。设置过程如图 1-32 所示。

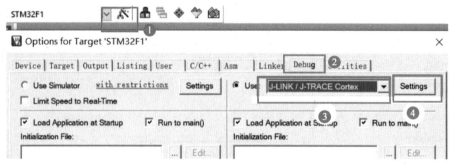

图 1-32　设置下载工具操作示意图

（1）单击 MDK-ARM 工具栏中的"魔术棒"按钮（见①），弹出 Options for Target 'STM32F1'（目标 STM32F1 的选项）。

（2）切换到 Debug（调试）选项卡（见②）。

（3）在右侧的 Use（使用）下拉菜单中，选择 J-LINK/J-TRACE Cortex（见③），即使用 J-Link 下载器。如果读者手中的开发板配套的是 STLINK 或者其他型号的下载器，则通过下拉菜单选择对应型号。

（4）单击 Settings 按钮，出现如图 1-33 所示的 J-Link 设置页面，在 Port（端口）下拉菜单中选择 SW。此配置页面中会出现 J-Link 下载器的一些信息，如 SN 码、设备名称等。如果没有出现这些信息，则要检查 J-Link 是否与计算机正确连接，以及计算机中是否安装好了 J-Link 的驱动程序。当程序下载不稳定时，适当降低 Max Clock（最高时钟）可能会有所帮助。

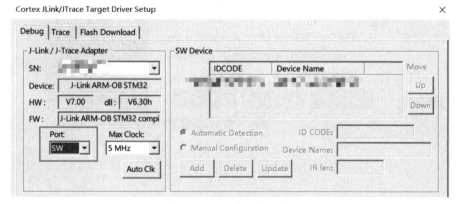

图 1-33　J-Link 设置界面

在 MDK-ARM 默认的配置下，将程序下载到单片机中后，需要手动按下复位按键，程序才会运行。如果希望单片机下载程序后，自动运行，可按图 1-34 所示进行设置。

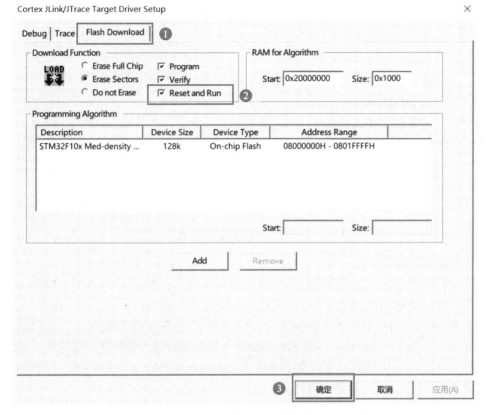

图 1-34 设置自动运行操作示意图

（1）在 J-Link 设置界面中，切换到 Flash Download 选项卡（见①）。

（2）选择 Reset and Run（见②）。

（3）单击【确定】按钮（见③）完成配置，J-Link 设置界面自动关闭。

设置 C/C++的编译选项

在 C++的编译选项中，一般建议把优化等级设为 0，即无须优化。优化代码可以使目标代码更小，运行速度更快。但 STM32 资源丰富，初学阶段几乎不会出现生成太大的目标代码的情况，以至于占用资源过多。优化代码，反而可能导致单步调试时无法跳转到某一行，不方便调试程序。另外，也不需要自动包含头文件，应当养成把所有的头文件都放在工程目录中的习惯。设置过程如图 1-35 所示。

（1）单击 MDK-ARM 工具栏中的"魔术棒"按钮（见①），弹出 Options for Target 'STM32F1'（目标 STM32F1 的选项）。

（2）切换到 C/C++选项卡（见②）。

（3）在 Optimization（优化）下拉菜单中，选择 Level 0（见③），即无须优化。

（4）选择 No Auto Includes（见④），即不自动包含头文件。

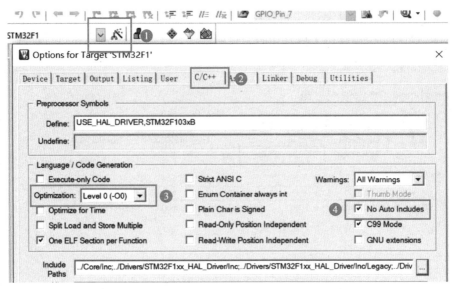

图 1-35　设置 C/C++的编译选项操作示意图

设置 GB2312 编码格式

如果编码格式不统一，可能会造成中文注释显示乱码；使用 LCD 或者 OLED 屏幕显示中文字符，也要求编码格式统一。编码设置方式如图 1-36 所示。

（1）在 MDK-ARM 中找到"小扳手"图标（见①），单击该图标。

（2）在弹出的 Configuration（配置）界面中，选择 Editor（编辑器）选项卡（见②）。

（3）在 Encoding（编码）下拉菜单中选择 Chinese GB2312（Simplified）（见③），将编码方式设置为 GB2312，然后单击【确定】按钮完成设置。

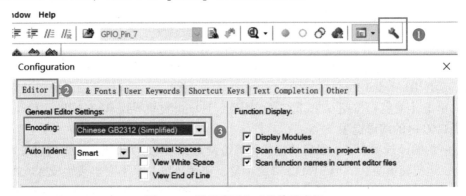

图 1-36　设置编码格式操作示意图

如果打开他人编写的工程，发现中文注释是乱码，是因为其使用的编码方式不同，尝试别的编码方式，如 UTF-8，或许能够解决此问题。

编译、下载并观察现象

下载程序前，要确保使用 J-Link 将计算机与单片机开发板连接。编译与下载操作如图 1-37 所示。

（1）单击"编译"按钮（见①），在软件下方的 Build Output（编译输出）窗口中应当可以看到 0 Error(s)（0 错误）（见②）。

（2）单击"下载"按钮（见③），在 Build Output 窗口中应当可以看到 Application running…（应用程序运行中，见④），说明程序成功下载并运行。

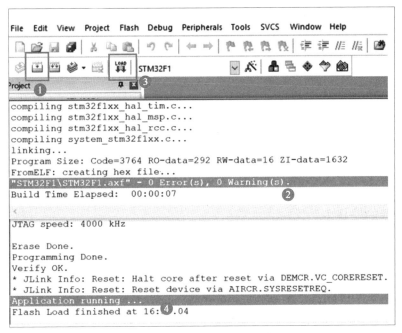

图 1-37　编译与下载操作示意图

由于 2 个 LED 都是低电平点亮，设置 PB0 为低电平、PB1 为高电平。当单片机通电后，应当看到只有红灯亮。此现象说明所有的软件、驱动安装无误，单片机开发板也可正常工作。至此，项目 1 完成。虽然没有编写一行代码，但是仍然实现了预期目标：点亮 LED。

实战强化

使用 STM32CubeMX 生成工程，将 LED 灯模块上的红、黄、绿 3 个 LED 都点亮。

项目小结

目前对嵌入式系统国内普遍认同的定义是：以计算机技术为基础，以应用为中心，软、硬件可剪裁，适合应用系统对功能可靠性、成本、体积、功耗严格要求的专业计算机系统。

了解嵌入式系统的组成与分类。

了解嵌入式系统的开发过程。

MDK-ARM 是 Keil 公司开发的集成开发环境。

STM32Cube 是一种应用于 STM32 平台上的工具。

STM32CubeMX 是一个用图形界面配置 C 语言程序的软件。

HAL 是硬件抽象层，HAL 库支持 STM32 全线产品。

STM32F103 单片机系统的最高主频是 72 MHz。

GPIO 的意思是通用输入输出，俗称引脚。

本书应用 J-Link 下载器+SW 下载方式。

项目 2

编写自己的库函数

项目概述

项目 1 使用 STM32CubeMX 生成了大量的代码，虽然点亮了 LED 灯，却没有一行代码是自己写的。这不禁让我们好奇，为什么这些代码能够点亮 LED？代码是怎么控制引脚电平的？我们该怎样使用 HAL 库？

本书的主要思路是调用 HAL 库，快速实现功能。这么做的好处是，让读者快速做出有意思的项目，对单片机产生兴趣，然后有动力继续学习。但这么做的弊端是，HAL 库代码封装得太好了，读者无法接触到底层的寄存器，不能够理解单片机的工作原理。因此，本书做了折中方案，用本项目帮助读者从寄存器操作过渡到 HAL 库函数应用，引导读者先用寄存器点亮 LED，再模仿 HAL 库把寄存器的操作封装为函数，然后过渡到 HAL 库，最终让读者既知道 HAL 库是操作寄存器，又能够灵活调用 HAL 库函数。

学习目标

序　号	知 识 目 标	技 能 目 标
1	了解寄存器，熟练掌握与引脚相关的寄存器	能够找到寄存器的地址，并借助手册分析寄存器的功能
2	强化 C 语言编程技能，了解嵌入式 C 语言的应用	能够熟练应用指针、结构体、逻辑运算符等
3	初步了解 HAL 库函数的开发方式，适应与 STM32CubeMX 协同编写代码的方式	能够一步一步地编写代码，从自定义的库函数过渡到官方库
4	熟练掌握与引脚相关的 HAL 库函数用法	能够使用 HAL 库函数点亮 LED

任务2.1　指针操作寄存器点灯

任务分析

单片机内部有很多寄存器，不同寄存器有不同的功能。不操作寄存器，也就无法理解单片机的原理。单片机入门时，建议先裸机开发。裸机开发方式有两种：其一是寄存器开发，直接操作寄存器实现功能；其二是库函数开发，把寄存器的操作封装为函数，调用库函数实现功能。可以看出，不管哪种方式，落脚点都是寄存器。本任务主要是认识寄存器，通过查阅手册了解寄存器的功能，找到寄存器的地址，然后使用指针操作寄存器。

知识准备

2.1.1　认识寄存器

提到单片机，就不得不提到寄存器。寄存器是 CPU 内部的元件，它的功能是存储二进制代码。从名字来看，寄存器跟火车站寄存行李的地方好像是有关系的。只不过火车站行李寄存处存放的是行李，寄存器存放的是指令、数据或地址。

存放数据的寄存器是最好理解的，如果需要读取一个数据，直接到对应寄存器所在的地址去询问数据是多少就行了。问寄存器这个动作，叫作访问寄存器。不同的数据会存放在不同的寄存器中，不同的寄存器有不同的地址。

指令寄存器、地址寄存器与数据寄存器类似，里边存放的都是 0 和 1，毕竟单片机也只认识机器码，机器码只有 0 和 1。只是有特别的规定，数据寄存器里存放的 0 和 1 表示数据，指令寄存器里存放的 0 和 1 表示指令。

在初学阶段，可以把寄存器理解为 CPU 内部的有特殊功能的地方。不同的寄存器有不同的地址，CPU 会根据地址访问寄存器。当 CPU 访问某个寄存器时，会根据寄存器的种类来执行操作，比如拿出寄存器里存放的数据，或者根据寄存器里的命令做一些事情。

给单片机写程序，其实就是通过代码操作正确的寄存器做正确的事情。单片机的程序，不论用什么语言编写，不论用什么操作系统或者库函数封装，最终的落脚点一定是寄存器的操作。

2.1.2　查阅手册计算寄存器的地址

STM32 重要的手册有 2 个：一个是数据手册（datasheet），另一个是参考手册（reference manual）。数据手册是有关产品技术特征的基本描述，包含产品的基本配置（如内置 Flash 和 RAM 的容量、外设的数量等）、管脚的数量和分配、电气特性、封装信息和订购代码等。参考手册是有关如何使用该产品的具体信息，包含各个功能模块的内部结构、功能描述、各种工作模式的使用和寄存器配置等详细信息。

访问寄存器是需要地址的，查阅《STM32F103 参考手册》（中文第 10 版，2010 年 1 月发布，以下简称"中文参考手册"），可以找到寄存器地址的相关信息，但中文参考手册中没有直接给出所有寄存器的地址，需要稍加计算。在中文参考手册的第 28 页，表"寄存器组起始地址"指明了不同寄存器的地址范围。

如果想让 PB1 引脚输出高电平，该怎么找到相关的寄存器呢？

首先，要知道 GPIO 相关的寄存器有哪些。中文参考手册的 8.2 节对 GPIO 相关的寄存器有明确的描述，如表 2-1 所示。负责输出数据的是 GPIOx_ODR 寄存器。

表 2-1　GPIO 相关的主要寄存器

寄存器的功能	英文含义	简写
端口配置低寄存器	port configuration register low	GPIOx_CRL
端口配置高寄存器	port configuration register high	GPIOx_CRH
端口输入数据寄存器	port input data register	GPIOx_IDR

续表

寄存器的功能	英 文 含 义	简　　写
端口输出数据寄存器	port output data register	GPIOx_ODR
端口位设置/清除寄存器	port bit set/reset register	GPIOx_BSRR
端口位清除寄存器	port bit reset register	GPIOx_BRR
端口配置锁定寄存器	port configuration lock register	GPIOx_LCKR

其次，找到 GPIOB 的基地址：0x4001 0C00，如图 2-1 所示。图 2-1 同时还可以说明 GPIOB 挂载在 APB2 总线上。

0x4001 2800 - 0x4001 2BFF	ADC2		参见11.12.15节
0x4001 2400 - 0x4001 27FF	ADC1		参见11.12.15节
0x4001 2000 - 0x4001 23FF	GPIO端口G	APB2	参见8.5节
0x4001 2000 - 0x4001 23FF	GPIO端口F		参见8.5节
0x4001 1800 - 0x4001 1BFF	GPIO端口E		参见8.5节
0x4001 1400 - 0x4001 17FF	GPIO端口D		参见8.5节
0x4001 1000 - 0x4001 13FF	GPIO端口C		参见8.5节
0X4001 0C00 - 0x4001 0FFF	GPIO端口B		参见8.5节
0x4001 0800 - 0x4001 0BFF	GPIO端口A		参见8.5节

图 2-1　中文参考手册中 GPIOB 的基地址

然后，寻找 GPIOx_ODR 寄存器。如图 2-2 所示，在中文参考手册 8.2.4 节中，可找到 GPIOx_ODR 寄存器的说明，它的地址偏移是 0x0C（见①，中文参考手册此处的翻译稍有错误，十六进制的偏移地址应当写作 0x0C），由此算出负责端口 B 输出数据的寄存器的地址为 0x4001 0C00+0x0C＝0x4001 0C0C。

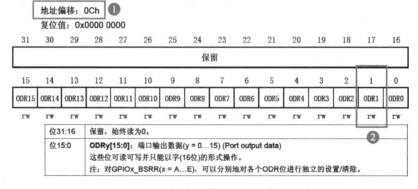

图 2-2　端口输出寄存器的地址偏移说明

最后，找到负责操作 PB1 电平的是哪个位。电平只有高和低 2 种状态，只需 1 个位即可表示。ODRy 表示端口输出数据（y=0…15）。PB1 对应的标记是 ODR1，但由于最右边的那一位是 ODR0，所以它是从右往左数的第 2 个数（见②）。为了方便描述，本书称 ODR1 为"第 1 号位"。

经过这三步查找，可以做出以下结论：GPIOB 所有引脚输出数据的情况都在 0x4001 0C0C 这个地址上，其中 PB1 输出的数据在第 1 号位。

小提示：

通过基地址+偏移地址查找某一位的过程，有点儿像去某个小区找一个人。所有 GPIOB 相关的寄存器，都住在 0x4001 0C00 到 0x4001 0FFF 的小区内。负责输出数据的寄存器，是小区内编号为 0x0C 栋房子，而负责 PB1 输出数据的，是房子内的第 1 号人。

2.1.3　MDK-ARM 的按钮与界面

MDK-ARM 功能强大，按钮众多，常用的关键按钮如图 2-3 所示。

图 2-3　MDK-ARM 常用的关键按钮

（1）"编译"按钮（见①）：其功能包含了预处理、编译、链接。单击该按钮，可以找出程序中的错误；如果没有错误，则生成单片机可执行的 hex 文件。

（2）"下载"按钮（见②）：将编译得到的 hex 文件下载到单片机中，需要确保硬件连接无误，下载器驱动安装正常。

（3）"魔术棒"按钮（见③）：用于配置当前工程的目标选项，功能很多，比如配置单片机型号、输出文件的名称、C 编译器的编译选项、头文件路径、下载器的型号等。

（4）"品字"按钮（见④）：文件扩展，用于添加新的目录结构或者源文件。

（5）"调试"按钮（见⑤）：启动/停止调试会话，用于单步调试，寻找程序中的问题。

（6）"配置"按钮（见⑥）：用于配置与某个工程无关的全局设置，例如编码方式、字体颜色、快捷键等。

确保单片机与计算机正确连接，单击"调试"按钮，能够进入如图 2-4 所示的调试界面。工作区被分为了"寄存器"窗口（见①）、"反汇编"窗口（见②）、"调试"主界面（见③）、"命令"窗口（见④）、"调用栈和局部"窗口（见⑤），共 5 个部分。其中，在"调试"主界面中，箭头表示将要执行的代码（见⑥），单击某一个行号前的灰色区域，能够添加断点（见⑦）。

调试界面中增加了几个调试按钮，如图 2-5 所示。灵活使用它们，能够让程序的调试过程事半功倍。

这些按钮的主要功能如下。

（1）复位（见①）。

（2）全速运行（见②），遇到断点停止。

（3）停止运行（见③），暂停调试，并不退出调试界面。

（4）跟踪调试（见④），在遇到函数时进入函数内部执行。

（5）单步调试（见⑤），如果遇到函数，把函数当做一条语句执行，不进入函数内部。

（6）跳出函数（见⑥）。

（7）运行至光标处（见⑦）。

（8）运行至暂停行（见⑧）。

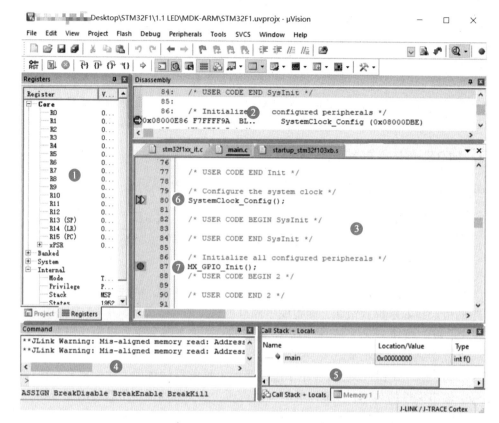

图 2-4　MDK-ARM 的调试界面

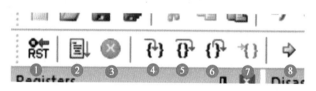

图 2-5　MDK-ARM 的调试按钮

任务实施

1. 在 MDK-ARM 中查看寄存器

在 MDK-ARM 中可以查看某个寄存器的值。正确连接硬件，打开项目 1 生成代码的工程。操作如图 2-6 所示。

（1）编译程序后，单击工具栏的"调试"按钮（见①），进入调试模式。

（2）在主函数的"while(1)"死循环语句前，打上断点（见②）。

（3）单击"全速运行"按钮（见③），则程序停在"while(1)"之前。

然后查看 GPIOB_ODR 寄存器的地址与值，操作如图 2-7 所示。

（1）单击菜单栏中的 View（见①），找到 System Viewer（见②），单击 GPIO（见③），查看 GPIOB 相关的寄存器（见④）。

（2）在 GPIOB 的调试窗口中，可以看到 ODR 寄存器的值是 0x00000012（见⑤），

ODR1 对应的输出数据是 1 （见⑥），即 PB1 输出高电平，地址为 0x40010C0C（见⑦）。此地址与先前的分析一致。

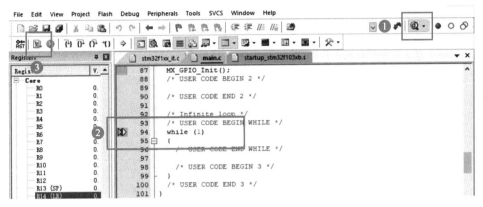

图 2-6　单步调试操作示意图

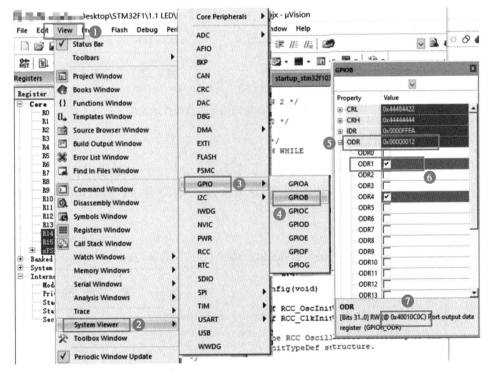

图 2-7　查看 GPIOB_ODR 的地址与值操作示意图

GPIOB 的时钟使能由 RCC APB2ENR（外设时钟使能寄存器）控制。查看 RCC 寄存器的值，操作如图 2-8 所示。

（1）单击菜单栏中的 View（见①），找到 System Viewer（见②），单击 RCC（见③）。

（2）发现 APB2ENR 寄存器的 IOPBEN 位被置 1（见④），APB2ENR 的地址为 0x40021018（见⑤）。

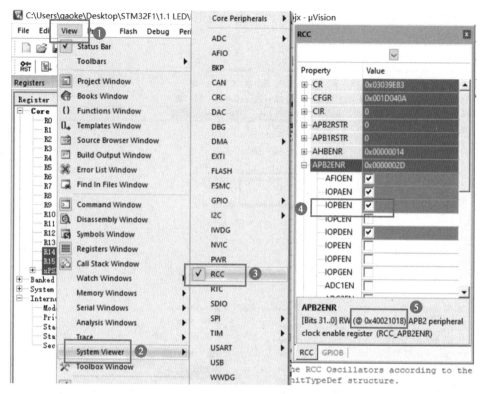

图 2-8　查看 APB2ENR 的地址与值操作示意图

2. 结合手册分析寄存器的值

寄存器的值是什么含义，需要结合中文参考手册来分析。打开程序员计算器，如图 2-9 所示，在左下角输入十六进制的 0x0000 002D（见①），可以看出其对应的二进制数字，第 0、2、3、5 号位是高电平（见②）。

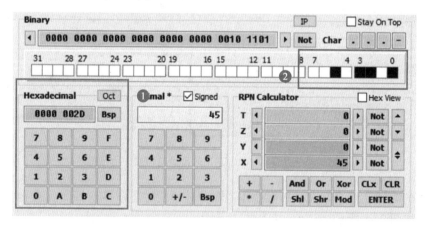

图 2-9　程序员计算器

在中文参考手册的 6.3.7 节中，可以查找到 APB2ENR 寄存器的信息。如图 2-10 所示，IOPBEN 是 1 代表"使能 IO 端口 B 时钟"。PB0 与 PB1 都是 IO 端口 B 的引脚，若想使用

PB0 与 PB1 控制 LED，则 IO 端口 B 的时钟必须使能。

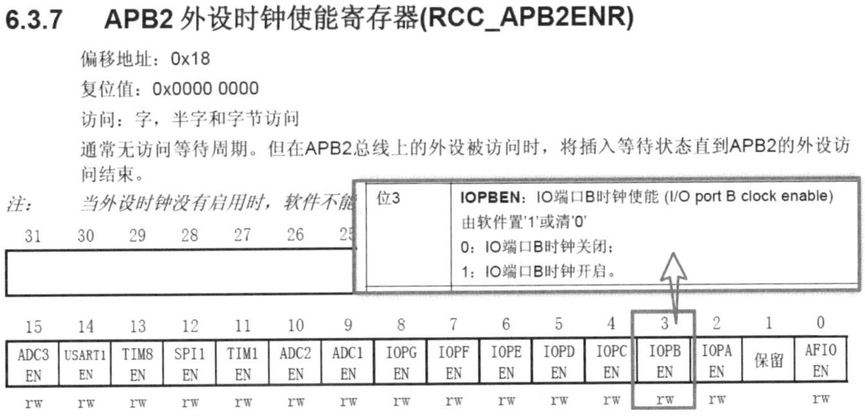

6.3.7　APB2 外设时钟使能寄存器(RCC_APB2ENR)

偏移地址：0x18

复位值：0x0000 0000

访问：字，半字和字节访问

通常无访问等待周期。但在APB2总线上的外设被访问时，将插入等待状态直到APB2的外设访问结束。

注：　当外设时钟没有启用时，软件不能

| 位3 | IOPBEN：IO端口B时钟使能 (I/O port B clock enable) 由软件置'1'或清'0' 0：IO端口B时钟关闭。 1：IO端口B时钟开启。 |

| 31 | 30 | 29 | 28 | 27 | 26 | 25 |

15	14	13	12	11	10	9	8	7	6	5	4	3	2	1	0
ADC3 EN	USART1 EN	TIM8 EN	SPI1 EN	TIM1 EN	ADC2 EN	ADC1 EN	IOPG EN	IOPF EN	IOPE EN	IOPD EN	IOPC EN	IOPB EN	IOPA EN	保留	AFIO EN
rw	rw	rw	rw	rw	rw	rw	rw	rw	rw	rw	rw	rw	rw		rw

图 2-10　RCC_APB2ENR 含义说明

任务 2.1 中，STM32CubeMX 配置的代码，虽然目前并不清楚代码具体是什么，但结果是 RCC_APB2ENR 寄存器的 IOPBEN 使能，GPIOB 的 ODR1 寄存器设置为高电平。在中文参考手册中找到相应的寄存器，按位对照，并借助说明即可理解含义。在调试模式下查看寄存器的值，然后结合中文参考手册分析，这是很常用的调试技巧。

3. 使用指针直接操作寄存器

在 C 语言中，由于指针的存在，访问地址是十分简单粗暴的。指针虽然灵活、高效，但是也容易误操作，导致程序崩溃。这也导致了后来的很多编程语言，如 Java、Python 渐渐取消了指针（但仍保留了类似于指针的机制）。指针这种特性是 C 语言在嵌入式开发领域经久不衰的原因之一。接下来直接用指针操作寄存器点亮 LED 灯。

修改任务 2.1，删掉 main.c 中的所有代码，编写一个 main 函数。在 main 函数中定义 3 个指针，分支指向 APB2ENR、GPIOB_CRL 与 GPIOB_ODR。PB0 与 PB1 要配置为输出模式，对应的寄存器是端口配置低寄存器 GPIOx_CRL，它的地址偏移量是 0，所以对应的地址就是 0x4001 0C00。

定义 3 个指针如下，分别用于操作时钟、输出模式、输出数据。对于编译器来说，它并不知道 0x4001 0C0C 代表的是数据还是指针，所以用（unsigned int ＊）做强制的类型转换，告诉编译器 0x4001 0C0C 是个指针。

```
1.   unsigned int * pAPB2ENR    =    (unsigned int * )0x40021018;
2.   unsigned int * pGPIOB_CRL  =    (unsigned int * )0x40010C00;
3.   unsigned int * pGPIOB_ODR  =    (unsigned int * )0x40010C0C;
```

在中文参考手册的 8.2.1 节中，可以查阅到对 GPIOx_CRL 寄存器的描述，如图 2-11 所示。与 GPIOx_ODR 不同，每个引脚的端口模式用 4 位的寄存器配置，2 位的 CNF 与 2 位的 MODE。

将 PB0 与 PB1 配置为通用推挽输出模式（推挽输出在 3.1.1 节讲解），速度为 2 MHz。所以 CNFy 的值为 0b00（见①），MODEy 的值为 0b10（见②）。PB0 与 PB1 对应的引脚为 7 号位到 0 号位，状态是 "0b0010 0010"（见③与④），其他引脚暂时设置为 0，所以应当设置 CRL 寄存器的值为 0x0000 0022。

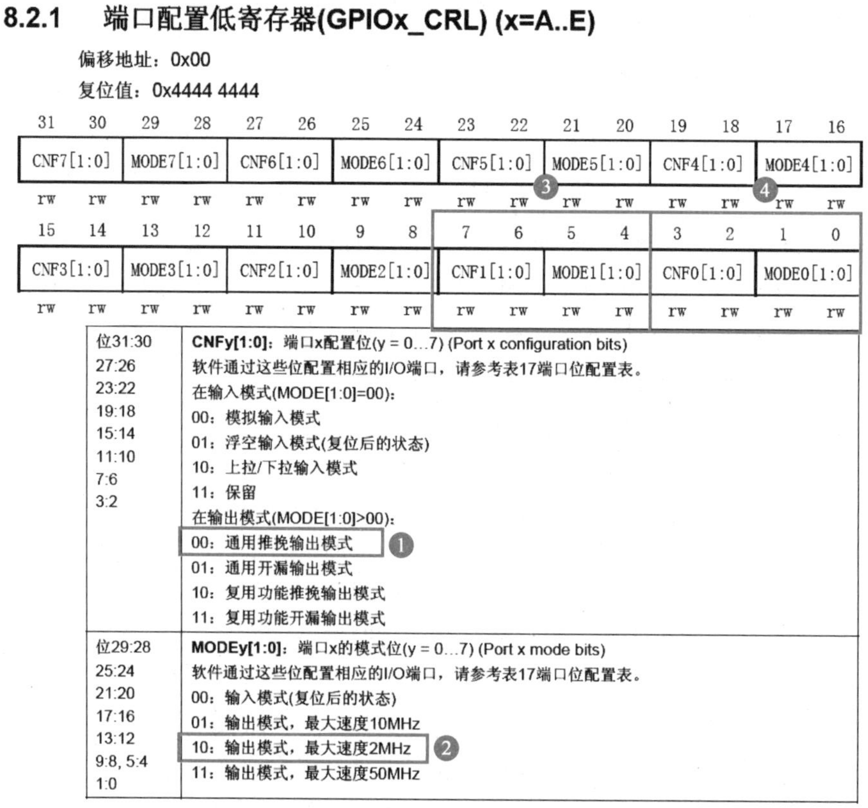

8.2.1 端口配置低寄存器(GPIOx_CRL) (x=A..E)

偏移地址：0x00

复位值：0x4444 4444

31	30	29	28	27	26	25	24	23	22	21	20	19	18	17	16
CNF7[1:0]		MODE7[1:0]		CNF6[1:0]		MODE6[1:0]		CNF5[1:0]		MODE5[1:0]		CNF4[1:0]		MODE4[1:0]	
rw	rw	rw	rw	rw	rw	rw	rw	rw	rw	rw	rw	rw	rw	rw	rw
15	14	13	12	11	10	9	8	7	6	5	4	3	2	1	0
CNF3[1:0]		MODE3[1:0]		CNF2[1:0]		MODE2[1:0]		CNF1[1:0]		MODE1[1:0]		CNF0[1:0]		MODE0[1:0]	
rw	rw	rw	rw	rw	rw	rw	rw	rw	rw	rw	rw	rw	rw	rw	rw

位31:30 27:26 23:22 19:18 15:14 11:10 7:6 3:2	**CNFy[1:0]**：端口x配置位(y = 0…7) (Port x configuration bits) 软件通过这些位配置相应的I/O端口，请参考表17端口位配置表。 在输入模式(MODE[1:0]=00)： 00：模拟输入模式 01：浮空输入模式(复位后的状态) 10：上拉/下拉输入模式 11：保留 在输出模式(MODE[1:0]>00)： 00：通用推挽输出模式 ❶ 01：通用开漏输出模式 10：复用功能推挽输出模式 11：复用功能开漏输出模式
位29:28 25:24 21:20 17:16 13:12 9:8, 5:4 1:0	**MODEy[1:0]**：端口x的模式位(y = 0…7) (Port x mode bits) 软件通过这些位配置相应的I/O端口，请参考表17端口位配置表。 00：输入模式(复位后的状态) 01：输出模式，最大速度10MHz 10：输出模式，最大速度2MHz ❷ 11：输出模式，最大速度50MHz

图 2-11 GPIOx_CRL 寄存器的说明

PB1 输出高电平，PB0 输出低电平，则 ODR 寄存器的值为 0x0000 0002。目前已经知道了用到的几个寄存器的地址，以及寄存器中需要装填的数值，然后使用指针直接操作寄存器，代码如下：

```
1.  int main(void)
2.  {
3.     unsigned int * pAPB2ENR   = (unsigned int * )0x40021018;
4.     unsigned int * pGPIOB_CRL = (unsigned int * )0x40010C00;
5.     unsigned int * pGPIOB_ODR = (unsigned int * )0x40010C0C;
6.     * pAPB2ENR     =0x00000008;
7.     * pGPIOB_CRL   =0x00000022;
8.     * pGPIOB_ODR   =0x00000002;
9.  }
```

动手：上述代码可以实现点亮红灯，修改代码，实现只点亮黄灯。

小提示：

以上代码中对于没有用到的引脚也赋值了，这是不对的。不要改动没有用到的引脚。如果需要置 1 操作，用“或等于”，只把需要的位置 1，其他位不变。修改代码，把上述代码 6

行到 8 行之间的每个"＝"之前加个竖杠，改为"｜＝"，然后重新编译运行。

任务2.2　优化寄存器流水灯

任务分析

任务 2.1 表明，使用寄存器是可以直接点亮 LED 的，但这样的代码可读性较差。另外，不能闪烁，效果略显单调。本任务将实现 LED 流水灯的功能，并不断优化代码，提高代码的可读性；同时，也开始往封装寄存器、提取库函数的方向上靠拢，引导读者一步一步写出规范的代码。

知识准备

2.2.1　条件编译

在 C 程序中，以#开头的行被称为预处理指令，使用预处理指令能够扩展 C 语言的表示能力，提高编程效率。在对 C 程序进行编译之前，首先由预处理器，对程序中的预处理指令进行处理。在嵌入式 C 语言中，常用到的预处理语句如表 2-2 所示。

表 2-2　嵌入式 C 语言常用的预处理语句

预处理命令	意　义
#define	宏定义
#include	使编译程序将另一源文件嵌入到带有#include 的源文件中
#if	#if 的一般含义是：如果#if 后面的常量表达式为 true，则编译它与#endif 之间的代码，否则跳过这些代码
#else	#else 在# if 失败的情况下建立另一选择
#elif	#elif 命令意义与 else if 相同，它形成一个 if else…if 阶梯状语句，可进行多种编译选择
#endif	#endif 标识一个#if 块的结束
#ifdef/ifndef	用#ifdef 与#ifndef 命令分别表示"如果有定义"及"如果无定义"，是条件编译的另一种方法

头文件（后缀为 .h 的文件）可能被多个源文件（后缀为 .c 的文件）包含，但是宏定义是不能重复定义的。例如，将代码"#define KEY1　1"写 2 次，相当于为常量命名 2 次，编译器会认为 KEY1 重复定义，产生报错或者警告。

如图 2-12 所示，假如 Public.h 定义了 KEY1，1.c 和 2.c 都包含了 Public.h，那么 KEY1 就被定义了 2 次。

这确实是一个错误。MDK-ARM 做了一些自动处理，不一定报错。一般使用预处理语句中的

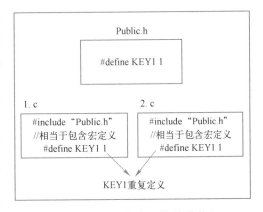

图 2-12　重复定义错误说明

条件编译命令解决这类问题。条件编译在逻辑上与 if else 这些条件语句是一样的。但是编译器在处理时，只把实际参与编译的语句编译进来，生成的目标代码会更小一些。形式如下：

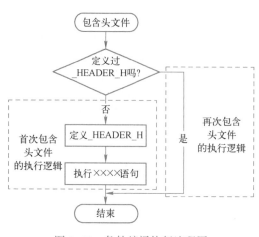

1. #ifndef__HEADER_H
2. #define__HEADER_H
3. XXXXX
4. #endif

图 2-13 条件编译执行流程图

图 2-13 展示了条件编译代码的执行逻辑。在 1. c 中，首次执行#include "header. h" 语句时，并没有定义过__HEADER_H，所以#ifndef(if no define) 条件为真，随后就定义了__HEADER_H，并执行了#endif 之前所有的代码。到了 2. c 中，再次执行 # include "header. h" 语句，已经定义过__HEADER_H，所以#ifndef(if no define) 条件为假，中间的语句就不执行了，因此不会重复定义。

2.2.2 按位逻辑运算

STM32 的寄存器多数是 32 位的，可以按位进行逻辑运算。为了使点亮 LED 的代码足够简单，所以用了一些错误的写法，操作了无关的引脚。如果被"连带"的引脚恰好连接了别的外设，会导致系统工作出现异常。采用按位的逻辑运算符（见表 2-3），能够实现只操作需要操作的引脚。

表 2-3　嵌入式 C 语言常用的按位逻辑运算符

运 算 符	含 义	实 例	结 果	说 明
~	取反	~0x07	0xF8	0x07 = 0000 0111 0xF8 = 1111 1000
&	按位与	0x07 & 0x33	0x03	0x07 = 0000 0111 0x33 = 0011 0011 0x03 = 0000 0011
|	按位或	0x07 | 0x33	0x37	0x07 = 0000 0111 0x33 = 0011 0011 0x03 = 0011 0111
^	按位异或	0x07^0x33	0x34	0x07 = 0000 0111 0x33 = 0011 0011 0x34 = 0011 0100
<<	按位左移	0x07<<2	0x1C	0x07 = 0000 0111 0x1C = 0001 1100
>>	按位右移	0x33>>1	0x19	0x33 = 0011 0011 0x19 = 0001 1001

在单片机程序中，按位逻辑运算主要的作用就是清 0 或者置 1。常用到以下的表达式，其中 n 既可以表示 0，也可以表示 1。

$$0\&n = 0 \qquad 1\&n = n \qquad 1\,|\,n = 1 \qquad 0\,|\,n = n$$

例如，修改某个寄存器内的值，想保持其他位不变，把第 2 位写成 0，让它跟 0b1101 进行"与运算"；仍保持数据其他位不变，把第 2 位写成 1，让它跟 0b0010（0b 表示二进制数）进行"或运算"。

任务实施

1. 使用宏定义

使用指针直接操作寄存器的代码可读性较差，编程人员看到地址 0x40020814 往往不知所云。因此，可用宏定义的方法为地址起个别名：GPIOB_ODR。其原理与电话本类似，记住电话号码很难，记住名字相对简单，打电话的时候先查找某人的名字，然后按下拨号键，手机能自动把名字替换为电话号码。

*pGPIOB_ODR 是个指针，应用时要再用一个 * 号，操作指针指向的内容，因此将 GPIOB_ODR 定义为"指向指针的指针"。虽然理解起来稍显麻烦，但应用时方便，它可以很轻松地为这个指针所指向的地址赋值。改写代码如下：

```
1.  #define RCC_APB2ENR  ( * ( unsigned int * )0x40021018 )
2.  #define GPIOB_CRL    ( * ( unsigned int * )0x40010C00 )
3.  #define GPIOB_ODR    ( * ( unsigned int * )0x40010C0C )
4.
5.  int main( void )
6.  {
7.     RCC_APB2ENR  | = 0x00000008;
8.     GPIOB_CRL    | = 0x00000022;
9.     GPIOB_ODR    | = 0x00000002;
10. }
```

运行代码，调试错误，观察现象。这段代码的作用仍然是点亮 LED。

2. 引入头文件

在 C 语言和 C++程序设计中，头文件一般包含类、函数、变量和其他标识符的前置声明。需要被多个源文件声明的标识符，可以放在头文件中。这些源文件中包含头文件，就相当于声明了标识符。

一个工程里可能有多个源文件。目前在 main. c 文件中定义了一些关于寄存器的二级指针，假如另外一个源文件也想使用这些寄存器，但又不能重复定义，该如何处理？可以增加一个头文件 header. h，把宏定义放入头文件内。如果别的源文件也想使用这些寄存器，只需要包含 header. h 的头文件即可。

在"工程\Core\Inc"文件夹下，新建 header. h 文件，修改 header. h 与 main. c 文件如下。

```
1.  //header. h
2.  #define RCC_APB2ENR  ( * ( unsigned int * )0x40021018 )
3.  #define GPIOB_CRL    ( * ( unsigned int * )0x40010C00 )
4.  #define GPIOB_ODR    ( * ( unsigned int * )0x40010C0C )
```

```
5.
6.    //main. c
7.    #include" header. h"
8.    int main( void)
9.    {
10.       RCC_APB2ENR  | = 0x00000008;
11.       GPIOB_CRL    | = 0x00000022;
12.       GPIOB_ODR    | = 0x00000002;
13.    }
```

第 7 行代码 #include "header. h" 相当于把 header. h 代码粘贴过来，用这一条语句可以代替头文件中的多条语句。头文件中要注意使用条件编译来避免重复定义。另外，由于 C++ 与 C 的编译规则略有不同，为避免使用 C++的编译器带来的问题，习惯上要声明以下为 C 代码。完整的 header. h 头文件代码如下。

```
1.    //header. h
2.    #ifndef__HEADER_H
3.    #define__HEADER_H
4.
5.    #ifdef__cplusplus
6.    extern "C" {
7.    #endif
8.    //宏定义的内容
9.    #define RCC_APB2ENR ( * ( unsigned int * )0x40021018)
10.   #define GPIOB_CRL ( * ( unsigned int * )0x40010C00)
11.   #define GPIOB_ODR ( * ( unsigned int * )0x40010C0C)
12.
13.   #ifdef __cplusplus
14.   }
15.   #endif
16.
17.   #endif
```

3. 使用官方头文件

如果每操作一个寄存器都必须去查看中文参考手册，计算这个寄存器的地址，是非常麻烦的。意法半导体公司为了方便开发者使用，给所有的寄存器都起了一目了然的名字，把寄存器与地址对应并放在 stm32f103xb. h 头文件中。修改 main. c 的代码，将 header. h 替换为 stm32f103xb. h。

自定义的名字 RCC_APB2ENR 与头文件中定义的名字并不一样。在官方的头文件中搜索 "RCC"，可以看到 RCC 是一个结构体指针（（RCC_TypeDef *) RCC_BASE），结构体里包含 APB2ENR。所以，实际上调用 APB2ENR 寄存器的方式为：RCC->APB2ENR。

头文件中声明的寄存器，实际上是指向结构体的二级指针，访问结构体的成员要用到箭头操作符。改写程序如下：

```
1.  #include" stm32f103xb. h"
2.  int main( void)
3.  {
4.      RCC->APB2ENR | = 0x00000008;
5.      GPIOB->CRL    | = 0x00000022;
6.      GPIOB->ODR    | = 0x00000002;
7.  }
```

RCC、APB2ENR、GPIOB 这几个"单词",并不需要用户另外声明就可以使用,这是因为官方头文件已经通过宏定义的方式,把寄存器与地址结合在了一起。头文件中寄存器的名称与中文参考手册中是对应的。为了提高程序的可移植性,头文件中的寄存器的宏定义与地址虽然是对应的,但不直接一一对应。与中文参考手册中的寄存器地址计算方法类似,需要基地址+偏移地址的运算,才能找到某个寄存器实际的地址。

4. 增加延时函数实现流水灯

引脚输出高低变化的电平,LED 就能闪烁。2 个或多个 LED 交替闪烁,可以呈现流水灯的效果。由于 STM32 的运行速度太快,若是不延时,肉眼无法看清楚,只是会感觉 LED 的亮度降低了一些。因此要使用延时函数,让 CPU 做一些无聊的事情,比如数数字,浪费一些时间,以方便肉眼看清楚 LED 的亮灭。

编写延时函数 delay,传入一个参数 a,a 在 while 循环中不断自减,并判断是否为 0,不为 0 则继续自减,为 0 则跳出循环。这是一个阻塞式的延时函数,当 a 为 0 之前,程序阻塞,无法响应其他普通任务(中断除外)。传的参数 0xfffff 只是试出来的一个值,具体延时的时间是多少,暂时不关心。修改代码如下:

```
1.  #include" stm32f103xb. h"
2.  void delay( unsigned int a)
3.  {
4.      while( a--);
5.  }
6.  int main( void)
7.  {
8.      RCC->APB2ENR | = 0x00000008;
9.      GPIOB->CRL    | = 0x00000022;
10.
11. while( 1)
12.     {
13.     GPIOB->ODR | = 0x00000001;//PB0 置 1
14.     GPIOB->ODR & = 0xFFFFFFFD;//PB1 清 0
15.     delay( 0xfffff);
16.     GPIOB->ODR | = 0x00000002;//PB1 置 1
17.     GPIOB->ODR & = 0xFFFFFFFE;//PB0 清 0
18.     delay( 0xfffff);
19.     }
20. }
```

运行以上代码，观察流水灯的现象。

动手：修改代码，模拟红绿灯，依次亮起绿灯、黄灯、红灯，且绿灯与红灯亮起时间稍长，注意绿灯也要初始化。

5. 用位移操作改进代码

使用逻辑操作清 0 或者置 1，代码的可读性仍然不高，读者可能要把 0xFFFFFFFD 这个十六进制的数切换为二进制，再去看看对应哪个引脚。使用位移操作改进代码，可读性更高。若是操作 PB1，则把需要写入的数据左移 1×n 位，n 代表要用几个二进制位配置 1 个引脚。

以下为修改代码。其中，0xf=0b1111，取反则为 0b0000，配合"与操作"，把某引脚对应的 4 个位都清零。然后给 MODER 寄存器指定的位写 0b0010，设置 PB0 与 PB1 为慢速输出。

```
1.   #include" stm32f103xb. h"
2.   void delay( unsigned int a)
3.   {
4.     while( a--) ;
5.   }
6.   int main( void)
7.   {
8.     RCC->APB2ENR |=0x00000008;
9.     GPIOB->CRL    &= ~(0xf<<(1*4)|0xf<<(0*4));//CRL 对应位清零
10.    GPIOB->CRL    |=0x2<<(1*4)|0x2<<(0*4);    //设置为慢速输出
11.
12.  while( 1)
13.    {
14.      GPIOB->ODR |=1<<0;    //PB0 置 1
15.      GPIOB->ODR &= ~(1<<1);//PB1 清 0
16.      delay( 0xfffff) ;
17.      GPIOB->ODR |=1<<1;    //PB1 置 1
18.      GPIOB->ODR &= ~(1<<0);//PB0 清 0
19.      delay( 0xfffff) ;
20.    }
21.  }
```

习惯阅读这种风格的代码后，就能根据位移的情况，快速判断出操作哪个引脚，同时也方便发现共同点，提取出函数，用传入参数的形式来配置引脚。

动手：使用位移操作，再次实现模拟红绿灯。

任务 2.3   编写自己的库函数

任务分析

目前代码的可扩展性与维护性较差，存在较多的复制与粘贴。如果出现业务变更，如

LED 的引脚换了，那么修改工作量太大。本任务要从零开始，写一个库函数，目的是提高代码的扩展性和可维护性，具体表现是：方便移植，比较通用；读起来轻松，无须翻阅中文参考手册。

知识准备

2.3.1 结构体

在 C 语言中，可以使用结构体（struct）来存放一些不同类型的数据。结构体是一种用户自定义的集合，它里面可以包含多个变量或数组，它们的类型可以不同，都称为结构体的成员。

由于设置引脚需要的参数比较多，把它们封装到结构体中，能够减少出错。嵌入式开发中，常用指针+结构体，把需要的信息都放在一个结构体内，然后通过指向结构体的指针来传递参数。以下是 HAL 库中引脚相关的结构体的初始化与应用。

```
1.   //结构体定义
2.   typedef struct
3.   {
4.       uint32_t Pin;
5.       uint32_t Mode;
6.       uint32_t Pull;
7.       uint32_t Speed;
8.   } GPIO_InitTypeDef;
9.   //结构体变量初始化
10.  GPIO_InitTypeDef GPIO_InitStruct = {0};
11.  //通过指针传递结构体参数
12.  HAL_GPIO_Init(GPIOB, &GPIO_InitStruct);
```

结构体与指针都是 C 语言中较难的知识点，两者配合起来使用，更是让初学者望而生畏。其实思想很简单：参数很多，容易弄乱，因此用结构体打包管理。如果想把结构体作为参数，传递给某个函数，那么就需要借助指针。指针指向结构体，把指针作为参数传递给函数，在函数内部可以使用指针访问及修改结构体成员。

小提示：

举个例子方便读者理解：儿童节这天，老师给小朋友们发礼物，每个小朋友都会收到 1 个苹果、1 个蛋糕、1 串葡萄、2 瓶娃哈哈。由于礼物种类比较多且顺序不能乱，小朋友的数量也比较多，老师预料到发放礼物环节可能出错，所以就拿了一些袋子，把每个小朋友的礼物放到不同的袋子中。这个过程类似于用结构体封装多个变量，老师一次送出一袋礼物，结构体一次传递一组参数。然后把礼物放到了每个小朋友的柜子中，让小朋友自己到柜子中去拿礼物，这个过程类似于用指针指向结构体，指针就是地址，柜子也是地址，通过地址，可以访问和修改结构体的内容。

2.3.2 独热码

独热码（one-hot code），是只有一个位是 1、其他位全是 0 的一种码制。对于单片机来说，

P0 定义为 0b0001，P1 定义为 0b0010，P2 定义为 0b0100（等于 0x04，而非 0x03！）……以此类推，每个引脚都只占用 1 个二进制位。如果想同时表示多个引脚，则让各引脚进行按位或操作，例如 0b0011（0x03）表示 P0 与 P1，0b0111 0000（0x70）表示 P4、P5 与 P6，如图 2-14 所示。

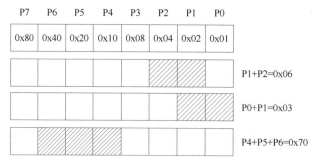

图 2-14　独热码与引脚对照图

任务实施

1. 自定义 IO 初始化函数

上一个任务，通过位移操作改进代码后，能够提取出不同引脚操作的共同点。先把引脚配置的功能抽象为函数 IO_Init，需要知道的参数有：端口名称、哪一个引脚、输入还是输出、输出的类型及速度。端口借助官方头文件中定义的结构体指针。编写代码如下：

```
1.   void IO_Init ( GPIO_TypeDef * GPIOx,uint16_t pin,uint8_t DirOrSpeed,uint8_t PP_OD_Pull )
2.   {
3.       unsigned char temp;
4.       if ( DirOrSpeed > 0 )   //不是输入模式。暂时只处理输出
5.       {
6.           GPIOx->CRL &= ~ ( 0xf << pin * 4 );
7.           temp = ( PP_OD_Pull<<2 ) | ( DirOrSpeed );
8.           GPIOx ->CRL |= temp << ( pin * 4 );
9.       }
10.  }
```

然后根据数据手册中某个模式对应的数值，编写宏定义如下：

```
1.   #define IOPBEN          8      //GPIOB 时钟使能
2.
3.   #define INPUT           0      //输入模式
4.   #define SPEED_MEDIUM    1      //10M 输出
5.   #define SPEED_LOW       2      //2M 输出
6.   #define SPEED_HIGH      3      //50M 输出
7.   #define OUT_PP          0      //推挽输出
8.   #define OUT_OD          1      //开漏输出
9.   #define AF_PP           2      //复用推挽
10.  #define AF_OD           3      //复用开漏
```

在主函数中调用 IO_Init 函数，将 PB0 与 PB1 设置为输出、推挽、低速。

```
1.   int main( void)
2.   {
3.     RCC->APB2ENR |= IOPBEN;
4.     IO_Init( GPIOB,0,SPEED_LOW,OUT_PP);
5.     IO_Init( GPIOB,1,SPEED_LOW,OUT_PP);
6.
7.     while(1)
8.     {
9.       GPIOB->ODR |= 1<<0;              //PB0 置 1
10.      GPIOB->ODR &= ~(1<<1);          //PB1 清 0
11.      delay( 0xfffff);
12.      GPIOB->ODR |= 1<<1;             //PB1 置 1
13.      GPIOB->ODR &= ~(1<<0);          //PB0 清 0
14.      delay( 0xfffff);
15.    }
16.  }
```

运行代码，观察现象，分析相比于上一个任务，这次的代码有哪些优点。

2. 结构体 + 指针传递参数

改用 IO 初始化函数以后，代码的可读性大大增加了，能比较方便地进行引脚的初始化。但弊端在于，参数太多，容易出错。有没有更好的传递参数的方法？

借助结构体 + 指针，可以改进 IO 初始化函数。定义一个结构体，结构体内包含引脚号、方向或速度、输出模式这 4 个成员。由于某个端口的引脚数量一般是 16 个，所以引脚 pin 要使用无符号 16 位的数据类型，其他成员都使用无符号 8 位的数据类型。

```
1.   typedef struct
2.   {
3.       uint16_t pin;
4.       uint8_t DirOrSpeed;          //输入还是输出,速度
5.       uint8_t PP_OD_Pull;          //输出模式
6.   }myGPIO_ST;
```

编写函数 myIO_Init。第一个参数是端口，第二个参数是结构体，2 个参数都是指向结构体的指针。在引用成员时，要用箭头运算符。相比 IO_Init( )，myIO_Init 函( )参数只有 2 个，不容易弄错。

```
1.   void myIO_Init( GPIO_TypeDef * GPIOx,myGPIO_ST * st)
2.   {
3.     uint8_t temp;
4.     if ( st->DirOrSpeed > 0)     //不是输入模式。暂时只处理输出
5.     {
6.       GPIOx->CRL &= ~(0xf << st->pin * 4);
```

```
7.        temp = (st->PP_OD_Pull<<2) | (st->DirOrSpeed);
8.        GPIOx ->CRL | = temp << (st->pin * 4);
9.    }
10. }
```

在 main 函数中，新建一个结构体 myst，将参数封装，并修改引脚初始化。装载结构体成员的时候，可以不关心顺序。注意第二个参数前有取地址符号。代码如下：

```
1.  int main(void)
2.  {
3.     RCC->APB2ENR | = IOPBEN;
4.     myGPIO_ST myst;
5.     myst. DirOrSpeed = SPEED_LOW;
6.     myst. PP_OD_Pull = OUT_PP;
7.     myst. pin = 0;
8.     myIO_Init(GPIOB,&myst);
9.
10.    myst. pin = 1;
11.    myIO_Init(GPIOB,&myst);
12.
13.    while(1)
14.    {
15.      //略
16.    }
17. }
```

运行代码，观察现象，分析相比于上一个任务，这次的代码有哪些优点。

3. 使用独热码操作多个引脚

如果说，自定义 IO 初始化函数，就像老师给小朋友发礼物，苹果、蛋糕、葡萄、娃哈哈，这顺序一点儿都不能错，那么结构体+指针传递参数，就是老师拿个袋子装礼物，先放进去苹果还是娃哈哈无所谓，只要礼物数量对，袋子没给错人就行。给第二个小朋友发礼物时，某些参数还可以缺省，默认就跟第一个小朋友一样。拿袋子装礼物当然方便，但仍有改进空间。

PB0 与 PB1 是 2 个不同的引脚，调用了 2 次 myIO_Init 函数。能不能调用一次初始化的函数就初始化 2 个甚至多个引脚呢？可以，要借助独热码。

修改初始化函数。核心思路就是通过 for 循环，将传入的参数 pin 按位取出，并判断某一位是 0 还是 1。如果是 1，则操作这一位对应的引脚。改进 myIO_Init 函数如下。

```
1.  #define PIN_0    ((uint16_t)0x0001)
2.  #define PIN_1    ((uint16_t)0x0002)
3.  //使用独热码的结构体初始化
4.  void myIO_Init(GPIO_TypeDef * GPIOx,myGPIO_ST * st)
5.  {
```

```
6.      uint8_t temp;
7.      uint16_t i = 0, j = 0, index = 0;
8.      if ( st->DirOrSpeed > 0)//不是输入模式。暂时只处理输出
9.      {
10.         for( i = 0 ; i < 16 ;i++)    //从小到大,检查引脚对应的位是否置1
11.         {
12.             j = 1<<i;
13.             index = st->pin & j;
14.             if( index == j)            //如果第 j 个引脚对应的位置1
15.             {
16.                 GPIOx->CRL & = ~(0xf << i * 4);
17.                 temp = ( st->PP_OD_Pull<<2)|( st->DirOrSpeed);
18.                 GPIOx ->CRL |= temp << i * 4;
19.             }
20.         }
21.     }
22. }
```

如果仍不能理解这个函数,可以尝试带入参数,手工计算几个循环。主函数中的初始化部分可以使用按位或运算,将 PB0 与 PB1 同时初始化。代码如下:

```
1.   int main( void)
2.   {
3.   RCC->APB2ENR |= IOPBEN;
4.   myGPIO_ST myst;
5.   myst. DirOrSpeed = SPEED_LOW;
6.   myst. PP_OD_Pull = OUT_PP;
7.   myst. pin = PIN_0 | PIN_1;
8.   myIO_Init( GPIOB,&myst);
9.   while( 1)
10.  {
11.    //略
12.  }
13. }
```

运行代码,观察现象。

4. 写引脚电平函数

目前,已经实现了使用函数初始化引脚,给引脚写电平也可以使用函数。思考:编写一个函数,用于让某个引脚输出高电平或者低电平,需要哪些参数?

至少需要端口、引脚、电平状态这 3 个参数。ODR 寄存器负责端口输出数据。编写函数 myGPIO_WritePin,根据传入的参数操作 ODR 寄存器,先把需要修改的引脚进行清 0,然后判断电平状态,如果是高电平,再把对应的引脚置 1。代码如下:

```
1.  void myGPIO_WritePin(GPIO_TypeDef * GPIOx, uint16_t GPIO_Pin, uint8_t State)
2.  {
3.      GPIOx->ODR &= ~GPIO_Pin;
4.      if(State)
5.      {
6.          GPIOx->ODR |= GPIO_Pin;
7.      }
8.  }
```

在中文参考手册的 8.2.5 节中，可以查阅到 STM32 另外提供了一个置位与复位寄存器 GPIOx_BSRR，专门用于操作电平状态，如图 2-15 所示。实际上，库函数常常使用此寄存器。

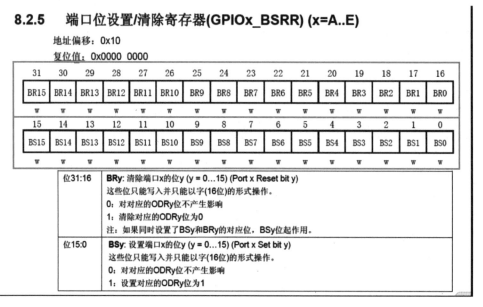

图 2-15   置位与复位寄存器说明

因此，myGPIO_WritePin 函数也可以进行如下修改，效果与操作 ODR 寄存器相同。

```
1.  void myGPIO_WritePin(GPIO_TypeDef * GPIOx, uint16_t GPIO_Pin, uint8_t State)
2.  {
3.      if(State != 0)
4.      {
5.      GPIOx->BSRR = GPIO_Pin;
6.      }
7.      else
8.      {
9.      GPIOx->BSRR = (uint32_t)GPIO_Pin << 16U;
10.     }
11. }
```

主函数中死循环内修改代码，调用 myGPIO_WritePin，让 PB1 与 PB0 交替置 1、清 0。代码如下：

```
1.   //main. c
2.   #define PIN_RESET      0
3.   #define PIN_SET        1
4.   //mian( )
5.     while(1)
6.     {
7.       myGPIO_WritePin(GPIOB,PIN_0,PIN_SET);          //PB0 置 1
8.       myGPIO_WritePin(GPIOB,PIN_1,PIN_RESET);        //PB1 清 0
9.       delay(0xfffff);
10.      myGPIO_WritePin(GPIOB,PIN_1,PIN_SET);          //PB1 置 1
11.      myGPIO_WritePin(GPIOB,PIN_0,PIN_RESET);        //PB0 清 0
12.      delay(0xfffff);
13.    }
```

运行代码，观察现象。虽然，看上去代码的功能并没有变化，仍然是操作流水灯，但是代码相比于使用指针直接操作寄存器，已经大有不同。至此，把引脚设置为输出及写数据的库函数已经全部写完。这些函数是仿照 HAL 库函数来编写的，能够辅助理解 HAL 库函数的原理。

动手：使用本任务中学到的知识，再次实现模拟红绿灯的功能。

任务 2.4　引入 HAL 库函数

任务分析

经过前几个任务的铺垫，读者目前应当理解了关于引脚操作的几个库函数。现在回到使用 STM32CubeMX 生成的工程中。思考：STM32CubeMX 生成的大量代码是什么样的目录结构？关于引脚配置的具体代码是什么样的？怎样实现自己编写的代码与 STM32CubeMX 协同运行？这几个问题将在本任务中得到解答。

本任务仍然是实现点亮流水灯，但实现方式为调用 HAL 库函数。除此之外，还会讲解位带操作与精简工程的批处理工具，这 2 个知识点不是单片机的重点，但可以帮助读者得到更方便好用的工程。

知识准备

2.4.1　HAL 库目录结构

使用 STM32CubeMX 生成工程，非常省力，但是一下子生成这么多代码，也让初学者无所适从。接下来就分析一下 HAL 库的框架与工程结构。

打开 MDK-ARM，在 Project 窗口下可以看到如图 2-16 所示的目录结构。

（1）Application/MDK-ARM 中是汇编启动文件（见①），一般不修改。

（2）Application/User/Core 中的用户文件（见②）可以修改，用户自定义的文件添加在这里，这些文件需要重点关注。

（3）Drivers/STM32F1xx_HAL_Driver 中是 HAL 库提供的库函数（见③），不修改。

（4）Drivers/CMSIS 中是 CMSIS 提供的外设操作源文件（见④），不修改。

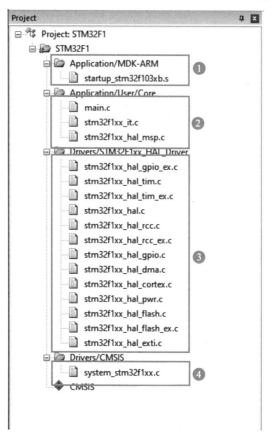

图 2-16　HAL 库目录结构

使用 STM32CubeMX 生成的工程，文件夹结构如图 2-17 所示。用户源文件与头文件放在 Core 文件夹下（见①），不能放在其他文件夹下，除非在 MDK-ARM 中修改路径信息，否则 MDK-ARM 会找不到这些文件。其他文件夹下的内容一般不需要修改。Drivers 文件夹存放 HAL 库文件（见②），MDK-ARM 文件夹存放工程文件与编译生成的文件（见③），后缀为 .ioc 的文件是 STM32CubeMX 的工程文件（见⑤）。

图 2-17　HAL 库文件夹结构

其中，clean. bat （见④）是一个用于减小工程体积的批处理命令文件，它不是 STM32CubeMX 生成的，而是笔者自行添加的。因为单击编译以后，MDK-ARM 文件夹下会有一堆临时生成的文件，体积很大。源代码只有几兆，但是 MDK-ARM 文件夹却有几十兆，不方便将工程分享给别人。双击 clean. bat，可以删除 MDK-ARM 文件夹下多余的文件。它的原理不是本书的内容，感兴趣的读者可以翻看任务拓展。

2.4.2　自动生成的初始化函数

使用 STM32CubeMX 生成的工程中，包含了大量的代码。经过前几个任务的铺垫，读者应当能够读懂其中 GPIO 相关的部分。找到 MX_GPIO_Init 函数，函数的命名非常规范，MX 表示由 STM32CubeMX 生成，GPIO 代表操作引脚，Init 表示初始化。从函数的名称可得到的信息是：这是 STM32CubeMX 生成的用于引脚初始化的函数。

```
1.    static void MX_GPIO_Init( void)
2.    {
3.        GPIO_InitTypeDef GPIO_InitStruct = {0};
4.
5.        /* GPIO Ports Clock Enable */
6.        __HAL_RCC_GPIOD_CLK_ENABLE();
7.        __HAL_RCC_GPIOB_CLK_ENABLE();
8.        __HAL_RCC_GPIOA_CLK_ENABLE();
9.
10.       /* Configure GPIO pin Output Level */
11.       HAL_GPIO_WritePin(GPIOB, GPIO_PIN_0, GPIO_PIN_RESET);
12.
13.       /* Configure GPIO pin Output Level */
14.       HAL_GPIO_WritePin(GPIOB, GPIO_PIN_1, GPIO_PIN_SET);
15.
16.       /* Configure GPIO pins : PB0 PB1 */
17.       GPIO_InitStruct. Pin = GPIO_PIN_0|GPIO_PIN_1;
18.       GPIO_InitStruct. Mode = GPIO_MODE_OUTPUT_PP;
19.       GPIO_InitStruct. Pull = GPIO_NOPULL;
20.       GPIO_InitStruct. Speed = GPIO_SPEED_FREQ_LOW;
21.       HAL_GPIO_Init(GPIOB, &GPIO_InitStruct);
22.
23.   }
```

此函数使能了 GPIOD （接外部高速晶振）、GPIOA （下载引脚）、GPIOB 的时钟，然后让 PB0 输出低电平，让 PB1 输出高电平，最后通过结构体传递参数，调用 HAL_GPIO_Init 函数设置 PB0 与 PB1 为低速的推挽输出。

HAL_GPIO_Init 函数是 HAL 库提供的一个函数，专门用于 GPIO 初始化。它的功能从名称上就可以看出。官方提供了文档 *Description of STM32F1 HAL and Low-layer Drivers*，说明函数的用法，如图 2-18 所示。在 MDK-ARM 中找到函数，跳转，可以看到代码，其实也是操作寄存器。

20.2.5   Detailed description of functions

HAL_GPIO_Init

Function name

     void HAL_GPIO_Init (GPIO_TypeDef * GPIOx, GPIO_InitTypeDef * GPIO_Init)

Function description

     Initializes the GPIOx peripheral according to the specified parameters in the GPIO_Init.

Parameters

-    **GPIOx:** where x can be (A..G depending on device used) to select the GPIO peripheral
-    **GPIO_Init:** pointer to a GPIO_InitTypeDef structure that contains the configuration information for the specified GPIO peripheral.

Return values

图 2-18   HAL_GPIO_Init 库函数的用法说明

表 2-4 是对此函数说明的解析，供参考。

表 2-4   HAL_GPIO_Init 函数说明的解析

函数名称	void HAL_GPIO_Init（GPIO_TypeDef * GPIOx，GPIO_InitTypeDef * GPIO_Init）
函数描述	根据 GPIO_Init 结构体中给定的参数来初始化 GPIOx 的外设
参数	GPIOx：x（A~G，根据使用的设备）用于选择 GPIO 外设。 GPIO_Init：指向 GPIO_InitTypeDef 结构体的指针，包含给定 GPIO 外设的配置信息
返回值	无

2.4.3   HAL_GPIO_WritePin 函数

    写流水灯要先操作引脚。HAL 提供了操作 IO 的一些函数。HAL 库函数的命名都比较明确，根据名字猜测用途。如图 2-19 所示，HAL_GPIO_WritePin 就是写引脚的函数。其用法与先前自定义的 myGPIO_WritePin 函数完全相同。表 2-5 是对此函数说明的解析，供参考。本书后续介绍 HAL 库函数时不再提供 HAL 库使用手册的截图。

     void HAL_GPIO_WritePin (GPIO_TypeDef * GPIOx, uint16_t GPIO_Pin, GPIO_PinState PinState)

Function description

     Sets or clears the selected data port bit.

Parameters

-    **GPIOx:** where x can be (A..G depending on device used) to select the GPIO peripheral
-    **GPIO_Pin:** specifies the port bit to be written. This parameter can be one of GPIO_PIN_x where x can be (0..15).
-    **PinState:** specifies the value to be written to the selected bit. This parameter can be one of the GPIO_PinState enum values:
  -    GPIO_PIN_RESET: to clear the port pin
  -    GPIO_PIN_SET: to set the port pin

Return values

-    **None:**

Notes

-    This function uses GPIOx_BSRR register to allow atomic read/modify accesses. In this way, there is no risk of an IRQ occurring between the read and the modify access.

图 2-19   HAL 库写引脚函数

表 2-5 HAL_GPIO_WritePin 函数说明的解析

函数名称	void HAL_GPIO_WritePin(GPIO_TypeDef * GPIOx, uint16_t GPIO_Pin, GPIO_PinState PinState)
函数描述	将被选中的端口位设置为 1 或清零
参数	GPIOx: x（A~G，根据使用的设备）用于选择 GPIO 外设。 GPIO_Pin: 列举要被改写的端口位，这个参数可以是 GPIO_PIN_x，x 可以是 0~15。 PinState: 列举写入选中位的值，这个参数可以是以下 GPIO_PinState 枚举类型值中的一个。 　-GPIO_PIN_RESET: 端口引脚清零。 　-GPIO_PIN_RESET: 端口引脚置一
返回值	无
注意	这个函数使用 GPIOx_BSRR 寄存器来允许原子读写权限。这么做在读取和修改访问时没有中断发生的风险

2.4.4 将代码写在指定的位置

思考：目前 LED 连接 PB0 与 PB1，若电路板发生变化，引脚变成 PC0 与 PC2 在 STM32CubeMX 界面中修改的引脚后，重新生成代码，那么关于 PB0 与 PB1 的代码，是否会删除？

当然是会删除的，如果不能删除，那么就无法取消 PB0 与 PB1 的功能，PC0 和 PC1 也不能控制 LED。即 STM32CubeMX 有删除代码的功能。但是这会带来一个问题：有些代码是用户自己编写的，有些代码是 STM32CubeMX 生成的，如何保证 STM32CubeMX 不会误删用户自己编写的代码呢？

通过指定用户代码的位置解决这个问题。所有用户自己编写的代码，必须添加在 "USER CODE BEGIN XX" 和 "USER CODE END XX" 之间，否则再次使用 STM32CubeMX 生产代码的时候，用户代码可能被误删除。

这看似限制了用户随心所欲地编写代码，但是对于初学者而言，可以规范代码编写。STM32CubeMX 生成的代码中，有很多对 "用户代码开始-结束"，每对之间期望填写的内容也各不相同。图 2-20 所示是 main.c 文件的节选。

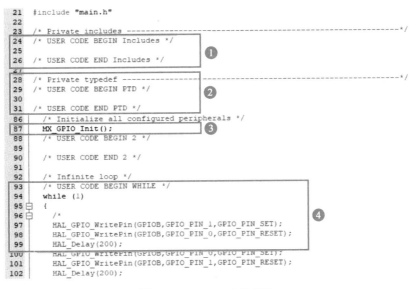

图 2-20 main.c 文件节选

（1）USER CODE BEGIN/END Includes（见①）之间，填写私有的包含头文件。

（2）USER CODE BEGIN/END PTD（见②）之间，填写私有的类型定义。

（3）函数 MX_GPIO_Init 的位置不在 USER CODE BEGIN/END 之间，它由 STM32CubeMX 生成，用户不得修改（见③），即便删去或改动了，只要再次使用 STM32CubeMX 生成代码，就还会在这个区域生成这行代码。

（4）while 循环位于 USER CODE BEGIN WHILE，可以编写用户代码（见④）。

小提示：

STM32CubeMX 删除代码的思路很简单，即把不放在某对 Begin 和 End 之间的代码都删除，这是规定。除此之外，建议用户根据注释的提示，在某对 Begin 和 End 之间填写期望的代码，让代码看上去规范，这是建议。

这就好比家政阿姨到家里打扫卫生，她不太清楚哪些东西有用，哪些东西没用，所以就跟雇主约定：凡是掉在地上的东西都认为没用，她就清扫掉；不在地上的东西都是有用的，不清扫。另外，家政阿姨建议雇主把厨具放在厨房，把书本放在书房，虽然这些东西不是掉到地上的，不用清扫，但是分门别类摆放，看上去整齐一些。

任务实施

1. 借助 HAL 函数实现流水灯

STM32CubeMX 帮助我们不用过度关心初始化，但业务代码必须自己写。它能帮我们初始化引脚，但不能帮我们写流水灯。

HAL 库也提供了一个毫秒级延时的函数 HAL_Delay()，能够比较准确地控制延时的时间。修改流水灯代码如下：

```
1.   // main( )
2.   while（1）
3.   {
4.       HAL_GPIO_WritePin( GPIOB,GPIO_PIN_1,GPIO_PIN_SET );
5.       HAL_GPIO_WritePin( GPIOB,GPIO_PIN_0,GPIO_PIN_RESET );
6.       HAL_Delay( 200 );
7.       HAL_GPIO_WritePin( GPIOB,GPIO_PIN_0,GPIO_PIN_SET );
8.       HAL_GPIO_WritePin( GPIOB,GPIO_PIN_1,GPIO_PIN_RESET );
9.       HAL_Delay( 200 );
10.  }
```

运行代码，观察现象。

HAL 库还提供了翻转电平的函数 HAL_GPIO_TogglePin，它的说明如表 2-6 所示。

表 2-6　HAL_GPIO_TogglePin 函数说明的解析

函数名称	void HAL_GPIO_TogglePin（GPIO_TypeDef ＊ GPIOx, uint16_t GPIO_Pin）
函数描述	切换指定的 GPIO 引脚
参数	GPIOx：x（A～G，根据使用的设备）用于选择 GPIO 外设。 GPIO_Pin：指定要切换的引脚
返回值	无

修改代码如下，它的作用与上方的代码完全相同。

```
1.  //main()
2.    while（1）
3.    {
4.       HAL_GPIO_TogglePin（GPIOB,GPIO_PIN_0）;
5.       HAL_GPIO_TogglePin（GPIOB,GPIO_PIN_1）;
6.       HAL_Delay（200）;
7.    }
```

2. 为引脚取别名

为了增强可读性，有些工程师会在 .h 文件中添加宏定义，让编写与维护程序的人不必翻阅原理图，就知道 PB0 与 PB1 连接 LED。代码如下：

```
1.  //main. h
2.  #define LED_PORT      GPIOB
3.  #define LED_RED_PIN    GPIO_PIN_0
4.  #define LED_YEL_PIN    GPIO_PIN_1
5.  //main. c main()
6.    while（1）
7.    {
8.       HAL_GPIO_TogglePin（LED_PORT,LED_RED_PIN）;
9.       HAL_GPIO_TogglePin（LED_PORT,LED_YEL_PIN）;
10.      HAL_Delay（200）;
11.   }
```

使用 STM32CubeMX 配置引脚时，也可以为引脚取别名，确保 PB0 与 PB1 已经被配置为输出模式，操作如图 2-21 所示。

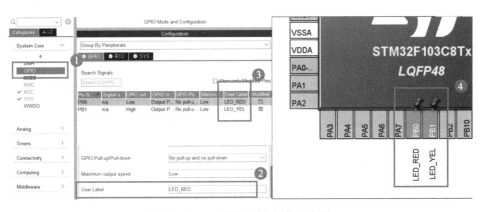

图 2-21　为引脚取别名操作示意图

（1）在 Pinout & Configuration 界面下选择 System Core，选择 GPIO 选项（见①），界面右边会显示相应的 GPIO Mode and Configuration。

（2）在 Configuration 区域中，单击引脚 PB0，在下方的属性区域中，配置 UserLabel 为

LED_RED（见②）。

（3）引脚介绍中的 User Label 标签随之发生变化（见③）。

（4）在 Pinout View 界面中，出现了引脚的别名（见④）。

同理将 PB1 命名为 LED_YEL，然后生成代码，在 main. h 中会自动生成如下宏定义：

1.   //main. h
2.   #define LED_RED_Pin GPIO_PIN_0
3.   #define LED_RED_GPIO_Port GPIOB
4.   #define LED_YEL_Pin GPIO_PIN_1
5.   #define LED_YEL_GPIO_Port GPIOB

请读者自己动手修改代码，这两种方法二选一即可实现模拟红绿灯的功能。

知识拓展

1. 位带操作

虽然已经有了 HAL 库函数，但不代表所有的操作都要依赖它。实际开发中，通常是哪种方法简单，就使用哪种方法。例如对于 IO 进行输入或输出，可以使用一种名叫"位带操作"的技巧。

位带操作思想就是把寄存器映射到地址上，寄存器中的每 1 个位都膨胀为 32 位的地址，操作这个地址就等于操作寄存器，如图 2-22 所示。它实现起来比较复杂，用起来却非常方便。在 STM32 中，可以写出类似于 51 单片机寄存器操作的代码，特别是想让 LED 的电平翻转时，有了位带操作就无须知道原先电平是高还是低，可以直接取反。

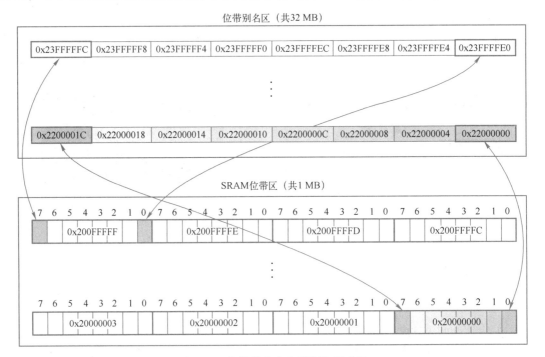

图 2-22   位带操作寄存器膨胀示意图

在 main.h 中，增加关于位带操作的定义，代码较长，具体参考随书附带的工程。将红灯与黄灯分别表示为 PBout(0) 与 PBout(1)，然后在主函数的死循环内修改代码，可直接将 LED 进行取反，然后赋值，实现与 HAL_GPIO_TogglePin 函数类似的功能。

```
1.  //main.h
2.  #define LED_RED    PBout(0)
3.  #define LED_YEL    PBout(1)
4.  //main.c main()
5.    while (1)
6.    {
7.      LED_RED = ! LED_RED;
8.      LED_YEL = ! LED_YEL;
9.      HAL_Delay(200);
10.   }
```

2. 精简工程的批处理工具

在提交或者发放代码的时候，通常只提交源文件，不提交编译过程中生成的文件。在随书附带的工程 2-5 STM32F1HAL 内放置了一个用于删除编译过程文件的批处理命令，内容如下：

```
1.  del *.bak /s
2.  del *.ddk /s
3.  del *.edk /s
4.  del *.lst /s
5.  …
6.  del *.iex /s
7.  del *.htm /s
8.  del *.sct /s
9.  del *.map /s
10. exit
```

上述代码中，"del"是删除的命令，"*"是通配符，表示"所有的"。例如第 1 行，作用是删除所有的文件名中包含".bak"的文件。新建文本文档，输入这些内容，然后保存，并将文件后缀改为 .bat。双击此文件，可以删除编译过程中生成的一些文件，使工程占用的硬盘空间大大减小。作为代价，被清理过的工程重新编译时，速度会变慢。

实战强化

以 10ms 为周期，让红灯发亮时间的比例为 100%、60%、30% 及 0%，观察并描述现象。在工程 2.5 stm32f1Base 的基础上修改代码，实现功能以后，将代码压缩后提交，压缩包的大小不得超过 1MB。

项目小结

所谓的库函数，就是封装寄存器，提供接口给用户调用。需要快速开发的时候，可以直接使用库函数，不必纠结于是怎样实现的，要大胆地拿来就用。

库函数经过千锤百炼，是非常优秀的学习对象，因此值得花费巨大的精力，自己实现简单的库函数。库函数不神秘，如果需要，自己就能写出来。以后使用其他的平台时也能根据中文参考手册，操作寄存器，实现功能，并把代码封装、优化，这才是最好的结果。

寄存器是 CPU 内部的元件，它一般用于存放指令、数据或地址。

STM32 手册中，寄存器的地址采用基地址+偏移地址的方式计算。

MDK-ARM 中，使用单步调试可以查看寄存器的值与地址。

C 语言使用指针可以直接操作某个地址，因此用指针操作寄存器很方便。

头文件中，常常使用条件编译避免重复定义，缩小目标代码。

按位的逻辑运算，清零用"与"，置 1 用"或"。

官方头文件中，寄存器宏定义与地址是对应的，寄存器的名称与中文参考手册中是对应的。

结构体方便管理多个参数，使用指针可以把结构体作为参数传递给函数。

独热码机制可以用按位或运算，操作多个引脚。

在 STM32CubeMX 生成的工程中，用户文件一般放在 Application/User/Core 文件夹下。

工程中 MDK-ARM 文件夹下是编译生成的文件，提交代码时建议删除掉。

对于函数名称而言，如果开头是 MX，一般是由 STM32CubeMX 生成的；如果开头是 HAL，代表是 HAL 库函数。

用户自己的代码，必须添加在"USER CODE BEGIN XX"和"USER CODE END XX"之间，否则可能被误删除。

掌握 HAL_GPIO_Init、HAL_GPIO_WritePin、HAL_Delay、HAL_GPIO_TogglePin 这几个函数的功能。

使用 STM32CubeMX 可以为引脚取别名，提高程序的可读性。

按键控制的开关灯设计

项目概述

项目 2 已经实现了点亮 LED，对应引脚设置为输出。引脚又被称为通用输入输出，既可用作输出，又可用作输入，比如用来检测按键的输入。那么，如何用按键输入来控制 LED 的亮灭呢？检测按键输入有 2 种方式：轮询与中断。轮询指的是在死循环中，不断读取相关寄存器的值；中断是 STM32 的核心机制，当外部电平变化，便可触发外部中断，中断控制器通知 CPU，处理中断。若项目 2 是花式点亮 LED，那本项目就是花式检测按键输入了。

学习目标

序　号	知 识 目 标	技 能 目 标
1	了解 STM32 引脚的模式，知道按键的硬件设计、检测原理，以及什么是消抖	能够根据硬件不同，在 STM32CubeMX 中设置引脚参数
2	掌握按键扫描函数的思路，知道松手检测的逻辑	能够编写按键扫描函数，并把函数独立成文件
3	理解中断的概念，明白外部中断与轮询的不同，知道应用外部中断的场合	能够使用 STM32CubeMX 配置外部中断的中断源、触发方式、优先级等
4	熟练掌握外部中断的处理机制，理解 HAL 库分层处理外部中断的思想，与弱函数的作用	能够编写外部中断的回调函数，并根据函数的参数不同判断中断源

任务3.1　轮询式获取按键输入

任务分析

按键是最简单的输入设备，按下按键，给单片机引脚一个电平变化，单片机检测到电平变化以后，做出相应的操作。由于按键随时可能按下，因此要不停地询问按键对应引脚的电平，这种方式称为轮询。要获取按键输入，首先要了解单片机引脚的模式，然后找到装载输入数据的寄存器，学会调用 HAL 库中读取输入数据的函数。按下按键的过程存在抖动，需要消抖。最后将按键检测的功能提取出函数，将函数的定义放在独立的源文件中，方便以后调用。

知识准备

3.1.1　STM32 的引脚模式

引脚是 STM32 的重要资源，也是 STM32 选型时必须考虑的重要因素。STM32 的型号名称能体现出引脚信息，其命名规则如图 3-1 所示。

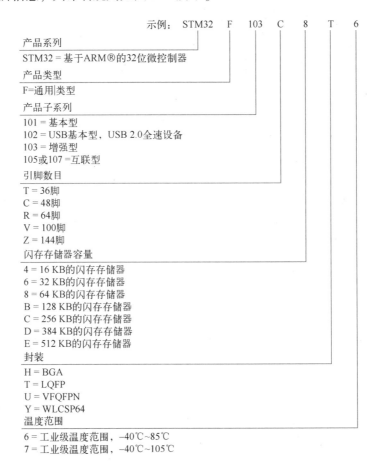

图 3-1　STM32 系列产品的命名规则

配套电路板的型号为 STM32F103C8T6，共有 48 个引脚。STM32 的引脚由端口管理。端口是独立的外设子模块，包括多个引脚，通过多个硬件寄存器控制引脚。一般情况下一个端口包含 16 个引脚，例如 PA0～PA15 这 16 个引脚，都由端口 GPIOA 管理。GPIOA 与GPIOB、GPIOC 之间是相互独立的。

并非所有的引脚都用作通用输入输出，有些引脚会被其他功能占用。如图 3-2 所示，引脚 PD0 与 PD1 用于外接晶振，PA13、PA14 用作 SWD 下载口。在 STM32CubeMX 中，单击某个引脚，就可以看到这个引脚所有的功能。

STM32 点亮 LED 时，引脚用作输出；检测按键时，引脚用作输入。输出与输入功能又可各自细分为不同的模式，STM32 的 GPIO 配置种类有 8 种之多，分类方式如图 3-3 所示。

STM32 端口结构很复杂，如图 3-4 所示。引脚接 2 个保护二极管，防止外界电压过大烧坏芯片。上拉电阻与下拉电阻，用于将输入信号设置为上拉输入或下拉输入，或设为浮空输入。输出驱动器内，有一对成推挽结构的 MOS 管，当配置为推挽输出时，2 个对称的 MOS 管都能工作，但是同时只有 1 个导通。当配置为开漏输出时，P-MOS 管不工

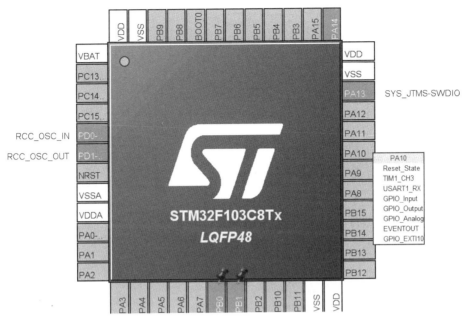

图 3-2　STM32 引脚分布图

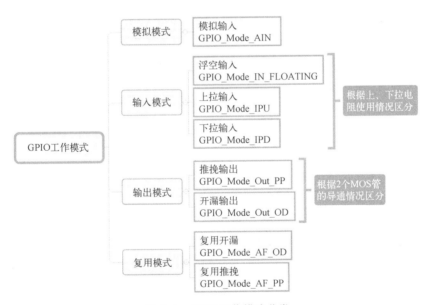

图 3-3　GPIO 工作模式分类

作，不能直接输出高电平，但如果外接上拉电阻，就可以根据外接电源的电压，改变输出的电压。

每个模式都有不同的应用场景。在上、下拉输入模式下，会将上、下拉电阻接入电路中，默认状态下读取电平，上拉模式读取到高电平，下拉模式读取到低电平。上、下拉模式一般用于输入检测，如果接按键，则按键无须连接外部的上、下拉电阻，减少了元器件的数量，简化了电路设计。上、下拉输入模式对比如图 3-5 所示。

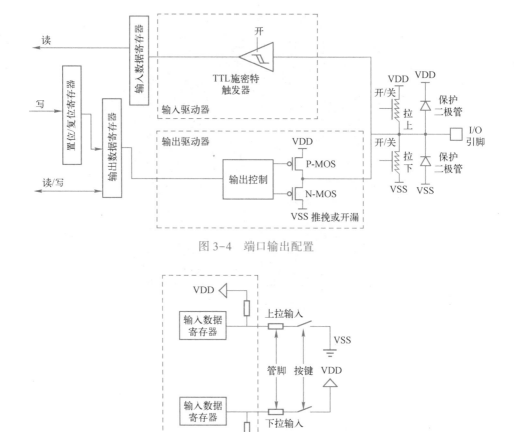

图 3-4   端口输出配置

图 3-5   上拉输入模式与下拉输入模式对比

浮空输入状态下，IO 的电平状态不确定，完全由外部电路决定。模拟输入一般应用于 ADC，或者低功耗下省电。

输出模式中，推挽是最常用的，既能输出高电平，又能输出低电平，效率高，速度快。开漏输出需要外接上拉电阻才能输出高电平，可以根据外接电源的电压，输出非 3.3 V 的高电平。复用的推挽输出与开漏输出，指的是引脚不作为普通 IO，而是作为第二功能，一般用于片内外设，以后会用到。

STM32 的电源电压是 3.3 V，所有引脚输出的高电平都是 3.3 V。如果使用开漏输出并外接 5 V 电源，可以输出 5 V 电压。除了模数转换相关的引脚外，STM32 多数引脚的输入电压兼容 5 V。虽然看上去输出 3.3 V 或者 5 V 的电压，作用有限，但是连接合适的外围电路，能够极大扩展单片机的用途。比如引脚连接 LED，就能控制 LED 亮灭；连接电机控制器，能够控制电机的转速；连接继电器，就能够控制 220 V 的交流电，进而控制电灯、电风扇、电暖气等家用电器的工作状态。

3.1.2   读取端口输入数据

引脚的输出数据储存在 GPIOx_ODR 寄存器中，引脚的输入数据放在 GPIOx_IDR 寄存器中，GPIOx_IDR 寄存器的说明信息可在中文参考手册 7.4.5 节找到。引脚输入电平的检测可以调用库函数 HAL_GPIO_ReadPin，它的说明信息如表 3-1 所示。

表 3-1　HAL_GPIO_ReadPin 函数解析

函 数 名 称	GPIO_PinState HAL_GPIO_ReadPin(GPIO_TypeDef ＊ GPIOx, uint16_t GPIO_Pin)
函数描述	读取指定的输入端口引脚
参数	GPIOx：x（A~G，根据使用的设备）用于选择 GPIO 外设。 GPIO_Pin：列举要被改写的端口位，这个参数可以是 GPIO_PIN_x，x 可以是 0~15
返回值	输出端口引脚的值

在 stm32f1xx_hal_gpio.c 文件中第 377 行可以找到此函数，关键的语句是第 8 行，读取 GPIOx_IDR 寄存器的值。

```
1.   GPIO_PinState HAL_GPIO_ReadPin( GPIO_TypeDef ＊ GPIOx, uint16_t GPIO_Pin)
2.   {
3.     GPIO_PinState bitstatus;
4.
5.     /＊ Check the parameters ＊/
6.     assert_param( IS_GPIO_PIN( GPIO_Pin) ) ;
7.
8.     if ( ( GPIOx->IDR & GPIO_Pin) != ( uint32_t) GPIO_PIN_RESET)
9.     {
10.      bitstatus = GPIO_PIN_SET;
11.    }
12.    else
13.    {
14.      bitstatus = GPIO_PIN_RESET;
15.    }
16.    return bitstatus;
17. }
```

3.1.3　按键检测原理与消抖

　　单片机开发板上有轻触按键，可作为输入源。如图 3-6 所示，按键 KEY1 接单片机的 PB7 引脚，KEY2 接 PA1，KEY3 接 PA0。按键一个脚接地，所以对应的单片机引脚要设置为上拉输入。在按键没有按下时，引脚检测到高电平。当按键按下去以后，引脚检测到低电平。

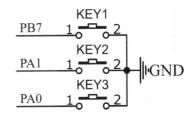

图 3-6　按键与单片机连接原理图

　　轻触按键在按下或者松开的瞬间，金属片处于即将接触或者即将分离的临界状态下，会产生多次的电平瞬间快速变化，如图 3-7 所示。这种变化的电平是一种干扰信号，也称为抖动。

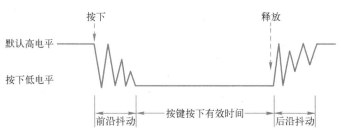

图 3-7　轻触按键开关瞬间产生的抖动示意图

按键的抖动会导致一次按键动作被 MCU 识别为多次按键。为了确保一次按键只做一次处理，需要对按键进行消抖。可以设计 RC 滤波电路，滤除按键在开关瞬间产生的抖动，这种做法称为硬件消抖。若节省硬件成本，可以使用单片机程序滤波。程序滤波又称为软件消抖，基本原理是：单片机检测到低电平后，延时一段时间，待抖动完毕以后，再检测一次，如果还是低电平，则确定是按键按下。如有必要，按键释放时也应当延时，度过后延抖动时间。

任务实施

1. 使用 STM32CubeMX 配置输入引脚

打开 STM32CubeMX，在 Pinout View 界面中，找到 PB7、PA0、PA1，将其设置为输入引脚（GPIO_Input），如图 3-8 所示。

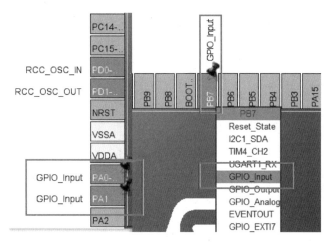

图 3-8　设置为输入引脚操作示意图

同时在引脚配置中，将相关引脚设置为上拉输入，在 User Label 下给引脚取别名，如图 3-9 所示。

（1）在 Pinout & Configuration 页面下选择 System Core（见①）。

（2）选择 GPIO 选项（见②），界面右边会显示相应的 GPIO Mode and Configuration 区域。

（3）选中 PB7，在其 GPIO Pull-up/Pull-down（GPIO 上拉/下拉）下拉菜单中，选择 Pull-up（上拉）。在 User Label 中为引脚设置别名，如 K1（见③与④）。

（4）设置完成后，GPIO Mode and Configuration 区域中引脚的属性发生改变。同理完成 PA1 与 PA0 的引脚设置（见⑤与⑥）。

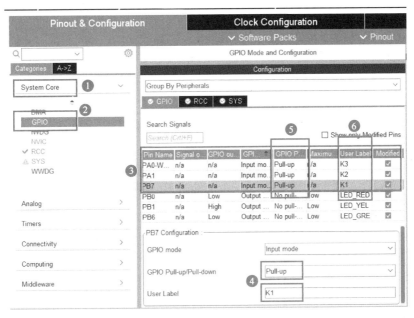

图 3-9　引脚的属性与别名配置操作示意图

单击生成代码并打开工程，可以看到 STM32CubeMX 配置好的引脚输入初始化代码如下（已省略部分无关代码）：

```
1.   static void MX_GPIO_Init(void)
2.   {
3.     GPIO_InitTypeDef GPIO_InitStruct = {0};
4.
5.     /* Configure GPIO pins : K3_Pin K2_Pin */
6.     GPIO_InitStruct.Pin = K3_Pin|K2_Pin;
7.     GPIO_InitStruct.Mode = GPIO_MODE_INPUT;
8.     GPIO_InitStruct.Pull = GPIO_PULLUP;
9.     HAL_GPIO_Init(GPIOA, &GPIO_InitStruct);
10.
11.    /* Configure GPIO pin : K1_Pin */
12.    GPIO_InitStruct.Pin = K1_Pin;
13.    GPIO_InitStruct.Mode = GPIO_MODE_INPUT;
14.    GPIO_InitStruct.Pull = GPIO_PULLUP;
15.    HAL_GPIO_Init(K1_GPIO_Port, &GPIO_InitStruct);
16.  }
17. }
```

2. 按键输入、消抖与松手检测

使用函数 HAL_GPIO_ReadPin 可以读取引脚输入的数据。为了提高程序的可读性，使用宏定义将按键与引脚关联起来，放在 main. h 头文件中。代码如下：

```
1.   //#define KEY1 PBin(7)
2.   //#define KEY2 PAin(1)
3.   //#define KEY3 PAin(0)
4.   #define KEY1 HAL_GPIO_ReadPin(K1_GPIO_Port,K1_Pin)
5.   #define KEY2 HAL_GPIO_ReadPin(K2_GPIO_Port,K2_Pin)
6.   #define KEY3 HAL_GPIO_ReadPin(K3_GPIO_Port,K3_Pin)
```

第 1 行到 3 行是用位带操作读取引脚电平状态，第 4 行到 6 行用 HAL 库函数，两者效果是一样的，二选一即可。

在主函数的死循环中，编写代码来获取引脚的电平状态，并且用 LED 作为状态指示。如果 KEY1 是低电平，说明按键 1 按下，那么延时 10 毫秒，再次判断，如果 KEY1 还是低电平，则让红灯状态翻转。

```
1.   //main. c while(1)
2.       if(0 = = KEY1)
3.       {
4.         HAL_Delay(10);
5.         if(0 = = KEY1)
6.           LED_RED = ! LED_RED;
7.       }
```

思考：以上程序能否正常工作？下载程序并观察现象，思考为什么会出现这个现象。

小提示：

在主函数的死循环中，判断引脚电平的操作是反复执行的。上述代码并没有松手检测，所以 LED 能否实现电平翻转，取决于按下按键的时长是 10 毫秒的奇数倍还是偶数倍，可以说全看运气。所以这个程序不能正常工作。如果按下按键不松手，LED 看上去是亮起来的，但仔细观察发现亮度不如输出高电平时的亮度，其实 LED 在快速闪烁，只有一半的时间在亮。但由于闪烁的速度太快了，肉眼无法分辨，只是觉得亮度低而已。

以下代码用 while 循环实现松手检测的功能，只要不松手，引脚为低电平，则程序始终卡在 while 语句。直到松手以后，延时度过后沿抖动时间，然后 LED 反转电平。

```
1.   //main. c while(1)
2.       if(0 = = KEY1)
3.       {
4.         HAL_Delay(10);
5.         while(!KEY1)
6.           ;
7.         HAL_Delay(10);
8.         LED_RED =!LED_RED;
9.       }
```

运行代码，观察现象。将翻转 LED 的代码放在 while 语句之前，观察现象有什么区别。

3. 按键扫描函数

以上松手检测的代码是"阻塞式"的，在按下按键的过程中，单片机无法执行其他操作（中断除外）。由于单片机是单线程的，程序阻塞，就像单车道的马路堵车一样，单片机会陷入无响应的状态。

接下来，编写一个按键扫描函数，能够进行松手检测，使程序不再卡死在按键按下的过程中。调用函数时，如果按下了某个按键，则返回对应的按键值，没有按下任何按键则返回0。定义 3 个返回值与按键的按下及默认状态电平如下。

```c
1.  //main. h
2.  /* USER CODE BEGIN Private defines */
3.  #define KEY1_PRES   1
4.  #define KEY2_PRES   2
5.  #define KEY3_PRES   3
6.
7.  #define KEY_FREE   1                    //没有按下按键的电平
8.  #define KEY_PRES   0                    //按下按键的电平
9.  /* USER CODE END Private defines */
```

按键扫描函数名称为 KeyScan，代码如下：

```c
1.  //main. c
2.  /* USER CODE BEGIN 0 */
3.  unsigned char KeyScan(void)
4.  {
5.      static unsigned char keyUp=1;        //按键按松开标志,为1松手
6.      if(keyUp&&(KEY1 == KEY_PRES || KEY2 == KEY_PRES || KEY3 == KEY_PRES))
        //按下按键
7.      {
8.        HAL_Delay(10);                      //去抖动
9.        keyUp=0;
10.       if(KEY1==0)return KEY1_PRES;        //返回,退出函数
11.       else if(KEY2==0)return KEY2_PRES;
12.       else if(KEY3==0)return KEY3_PRES;
13.     }
14.     else if(KEY1 == KEY_FREE && KEY2 == KEY_FREE && KEY3 == KEY_FREE)
        //没有按下按键
15.     {
16.       keyUp=1;
17.     }
18.     return 0;                            // 无按键按下
19. }
20. /* USER CODE END 0 */
```

以上代码有以下 2 个关键点。

① keyUp 有 static 修饰，是个静态变量。所有函数内部申请的变量都是局部变量，当函数执行完毕以后，局部变量的空间释放，存储的内容丢失。而静态变量可以让函数执行完毕以后，仍然保留局部变量存储的内容。

② 此函数必须在死循环内被反复调用。

初次调用此函数，keyUp 初始化为 1。假如有任意按键按下，第 6 行的判断语句为真，延时 10 ms 后，keyUp 为 0，根据被按下的按键返回相应的值。当下一回调用此函数时，假设没有松手，由于 keyUp 为 0，第 6 行的判断语句为假，函数返回 0。只要 keyUp 是 0，函数就始终返回 0。直到松开手以后，3 个按键都为高电平，第 14 行的判断语句成立，才可以将 keyUp 置 1，回到初始状态。即在某按键按下 10 ms 后，返回对应的键值。如果没有按键按下，或者有按键按下但是没有松手，都返回 0。它的执行逻辑如图 3-10 所示。

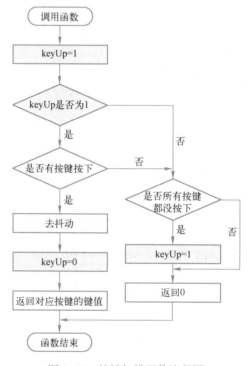

图 3-10　按键扫描函数流程图

在主函数中循环调用按键扫描函数，并使用 switch-case 语法，把函数的返回值作为判断条件，操作对应 LED。

```
1.   //main. c mian( )
2.     switch(KeyScan( ))
3.     {
4.       case KEY1_PRES：LED_RED = ! LED_RED ; break;
5.       case KEY2_PRES：LED_YEL = ! LED_YEL ; break;
6.       case KEY3_PRES：LED_GRE = ! LED_GRE ; break;
7.       default：break;
8.     }
```

下载程序、按下不同的按键，观察现象。

4. 按键扫描函数独立成文件

如果新增的函数都放在 main. c，那么 main. c
会变得很臃肿，既不方便代码阅读，又不方便理清
程序的分层与结构。接下来将按键处理函数与其他
IO 相关的定义从 main. c 或 main. h 文件中脱离出
来，放到独立的文件。如图 3-11 所示，在主文件
夹中打开 Core 文件夹，在 Inc 文件夹内新建 IO. h
文件，在 Src 文件夹内新建 IO. c 文件。

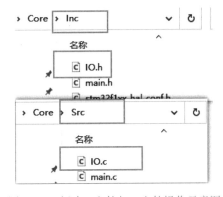

图 3-11　新建 c 文件与 h 文件操作示意图

然后将 IO. c 文件添加到工程中 Application/
User/Core 文件夹下，IO. h 文件无须手动添加，操
作如图 3-12 所示。

（1）在工具栏中单击"品"字按钮（见①），打开 Manage Project Items 界面；

（2）在 Groups 组中单击 Application/User/Core（见②）；

（3）单击 Manage Project Items 界面中右下角 Add Files 按钮（见③）；

（4）在弹出来的文件选择页面中，进入 Src 文件夹（见④），单击选中 IO. c 文件（见
⑤），单击 Add 按钮（见⑥）完成添加（见⑦）。

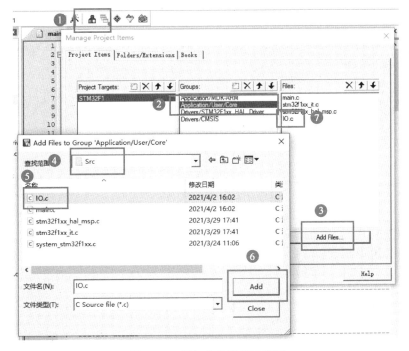

图 3-12　添加文件操作示意图

使用#include 包含 IO. h 文件，把按键扫描函数剪贴到 IO. c 文件中，并添加一些函数说
明信息，代码如下：

```
1.  //IO. c
2.  #include "IO. h"
3.
4.  /**
5.   * @brief 按键扫描函数
6.   * @param None
7.   * @note 带松手检测功能
8.   * @retval 按下的键值
9.   */
10. unsigned char KeyScan(void)
11. {
12. static unsigned char keyUp=1;            //按键按松开标志,为1松手
13. if(keyUp&&(KEY1 == KEY_PRES || KEY2 == KEY_PRES || KEY3 == KEY_PRES))
    //按下按键
14.  {
15.     HAL_Delay(10);                       //去抖动
16.     keyUp=0;
17.     if(KEY1 ==0)return KEY1_PRES;        //返回,退出函数
18.     else if(KEY2==0)return KEY2_PRES;
19.     else if(KEY3==0)return KEY3_PRES;
20.  }
21.  else if(KEY1 == KEY_FREE && KEY2 == KEY_FREE && KEY3 == KEY_FREE)
    //没有按下按键
22.  {
23.     keyUp=1;
24.  }
25.  return 0;                              // 无按键按下
26. }
```

将一些属于 IO 操作的宏定义剪贴到 IO. h 文件中，编写必要的条件编译，并声明按键扫描函数。

```
1.  #ifndef __IO_H
2.  #define __IO_H
3.
4.  #ifdef __cplusplus
5.  extern "C" {
6.  #endif
7.  #include "main. h"
8.
9.  #define LED_RED    PBout(0)
10. #define LED_YEL    PBout(1)
11. #define LED_GRE    PBout(6)
```

```
12.
13. #define KEY1_PRES   1
14. #define KEY2_PRES   2
15. #define KEY3_PRES   3
16.
17. #define KEY_FREE   1                    //没有按下按键的电平
18. #define KEY_PRES   0                    //按下按键的电平
19.
20. #define KEY1 HAL_GPIO_ReadPin( K1_GPIO_Port,K1_Pin)
21. #define KEY2 HAL_GPIO_ReadPin( K2_GPIO_Port,K2_Pin)
22. #define KEY3 HAL_GPIO_ReadPin( K3_GPIO_Port,K3_Pin)
23.
24. unsigned char KeyScan( void) ;
25.
26. #ifdef __cplusplus
27. }
28. #endif
29.
30. #endif
```

在 main. c 文件中，包含 IO. h 头文件，注意放在指定的位置，比如 USER CODE BEGIN Includes 与 USER CODE END Includes 之间。由于 IO. h 文件中有按键扫描函数的声明，main. c 文件包含了 IO. h 文件，所以在 main. c 文件中可以使用按键扫描函数。主函数不修改，仍然循环调用按键扫描函数，根据按键值控制 LED。

```
1. //main. c
2. /* Private includes ---------------------------------------------- */
3. /* USER CODE BEGIN Includes */
4. #include "IO. h"
5.
6. /* USER CODE END Includes */
7. /* Private typedef ---------------------------------------------- */
```

思考：我们已经把按键扫描函数转移到了 IO. c 文件里，是否需要把 STM32CubeMX 配置的 IO 初始化的函数也转移过去?

知识拓展

矩阵键盘的原理

单片机开发板上，每一个按键都对应这一个引脚。这种按键被称为独立按键。单片机的引脚是珍贵的资源，如果按键数量较多，还用独立按键的方式就太浪费引脚了。比如 16 个按键，需要 16 个引脚。如果采用矩阵键盘的方式，只需要 8 个引脚，就可以获取 16 个按键的情况。矩阵键盘排列如图 3-13 所示。

这是扫描矩阵键盘的一种实现方式：将 KEY1 到 KEY4 设为输出，每次只有 1 个引脚输

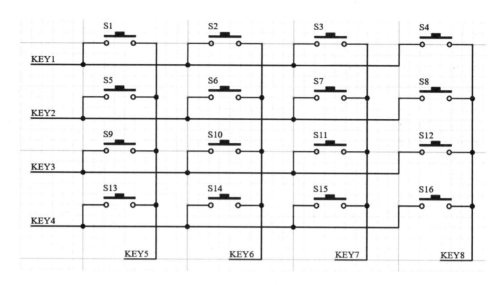

图 3-13   矩阵键盘排列

出高电平，并快速循环切换；将 KEY5 到 KEY7 设置为下拉输入，读取 KEY5 到 KEY7 的值。如果没有任何按键按下，那么 KEY5 到 KEY7 全是低电平。如果有按键按下，比如 S1，那么当 KEY1 输出高电平的瞬间，有且只有 KEY5 能读到高电平。分析哪一行输出高电平，以及哪一列读到了高电平，两者的交叉点，就是被按下的按键。

任务 3.2   外部中断获取按键输入

任务分析

本任务仍然是通过按键来控制 LED，只不过实现方式由轮询变为了外部中断。适当使用中断，可以给 CPU 减轻负担，并提高系统的响应速度。STM32 中断种类很多，外部中断是最简单的中断，要借助这个中断，理清中断的处理逻辑，为学习别的中断打基础。

知识准备

3.2.1   中断的概念

中断（interrupt）是 STM32 单片机的核心机制。单片机是单线程的，如果没有中断，只能按顺序处理事件。中断的关键概念如下。

中断：单片机执行主程序时，由于某个事件的原因，暂停主程序的执行，调用相应的程序处理该事件，处理完毕再自动继续执行主程序的过程。

中断的嵌套：执行一个中断时又被另一个事件打断，暂停该中断处理过程转去处理这个更重要的事件，处理完毕之后再继续处理本中断的过程，叫作中断的嵌套。

中断的优先级：不同事件的重要程度。

中断源：可以引起中断的事件。

中断服务程序：为了处理中断而编写的程序。

中断向量：对应中断服务程序的入口地址。

中断请求：中断源对主程序或中断服务程序提出的中断要求。

中断响应：主程序或中断服务程序接受中断请求，去执行中断服务程序。

中断返回：中断服务程序执行完毕后回到主程序或者次一级别中断服务程序。

中断系统：实现中断处理功能的软、硬件系统。

中断允许优先级更高的事件，打断优先级较低的事件。例如 CPU 在处理某一事件 A 时，发生了另一事件 B 请求 CPU 迅速去处理（中断发生）；CPU 暂停中断当前的工作，转去处理事件 B（中断响应和中断服务）；待 CPU 将事件 B 处理完毕后，再回到原来事件 A 被中断的地方继续处理事件 A（中断返回），如图 3-14 所示。

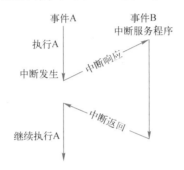

图 3-14　中断程序执行过程示意图

中断可以嵌套。CPU 根据不同中断的重要程度设置不同的中断优先级，高优先级的中断可以打断低优先级中断，而低优先级的中断不能打断高优先级中断。中断嵌套执行流程如图 3-15 所示。

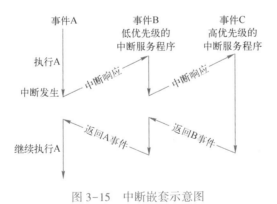

图 3-15　中断嵌套示意图

思考：生活中是否有高优先级事件打断低优先级事件的例子?

小提示：

关于中断嵌套，可以举例子说明。小明正在写作业，写作业是常规事件。然后有个快递员打电话，让小明去取快递（发生了中断）。于是小明暂停写作业，去取快递。正取快递时，有人喊地震了，于是小明开始跑向紧急避难所（高优先级的中断打断了低优先级的中断）。后来，小明发现地震是虚惊一场，于是回去取快递，然后继续写作业（中断处理完毕，退回到被打断的程序）。

借助中断机制，CPU 可以处理设备故障、掉电等突发事件，提高系统的可靠性；CPU能够及时处理应用系统的随机事件，增强系统的实时性；CPU 能够分时操作多个设备，提高 CPU 的利用率；通过中断可以让 CPU 无须浪费时间等待慢速外设的状态变化，给 CPU 减轻负担。

3.2.2　STM3 的外部中断

STM32F103 中断系统提供 10 个系统异常和 60 个可屏蔽中断源，具有 16 个中断优先级。常用的中断有外部中断与外设中断，其中外设中断有定时器中断、串口中断、直接内存访问中断、模数转换中断、集成电路总线中断、串行外设接口中断等。

中文参考手册中提供了一个中断向量表，它的节选如图 3-16 所示。

位置	优先级	优先级类型	名称	说明	地址
-	-	-	保留	0x0000_0000
	-3	固定	Reset	复位	0x0000_0004
	6	可设置	SysTick	系统嘀嗒定时器	0x0000_003C
0	7	可设置	WWDG	窗口定时器中断	0x0000_0040
1	8	可设置	PVD	连到EXTI的电源电压检测(PVD)中断	0x0000_0044
5	12	可设置	RCC	复位和时钟控制(RCC)中断	0x0000_0054
6	13	可设置	EXTI0	EXTI线0中断	0x0000_0058
7	14	可设置	EXTI1	EXTI线1中断	0x0000_005C
18	25	可设置	ADC1_2	ADC1和ADC2的全局中断	0x0000_0088
19	26	可设置	USB_HP_CAN_TX	USB高优先级或CAN发送中断	0x0000_008C
27	34	可设置	TIM1_CC	TIM1捕获比较中断	0x0000_00AC
28	35	可设置	TIM2	TIM2全局中断	0x0000_00B0
35	42	可设置	SPI1	SPI1全局中断	0x0000_00CC
36	43	可设置	SPI2	SPI2全局中断	0x0000_00D0
37	44	可设置	USART1	USART1全局中断	0x0000_00D4
38	45	可设置	USART2	USART2全局中断	0x0000_00D8

图 3-16　中断向量表节选

外部中断（external interrupt，EXTI）是由引脚检测到的中断。中断可以由上升沿、下降沿或双边沿触发。

外部中断检测的过程如图 3-17 所示，外部中断/事件信号从芯片引脚输入（见①），经过边沿检测电路（见②）处理后，与软件中断事件寄存器通过或门（见③）进入请求挂起寄存器（见④），最后与中断屏蔽寄存器相与（见⑤）输出到嵌套向量中断控制器（nested vectored interrupt controller，NVIC）（见⑥），最终通知 CPU 中断发生。

STM32 单片机中，每个配置为输入模式的引脚都可以作为外部中断源。引脚很多，但可供引脚使用的外部中断线只有 16 根（外部中断线共有 20 根，EXTI16 到 EXTI19 这 4 根中断线有其他用途），引脚需要共用外部中断线，并通过 EXTI 控制器配置引脚，如图 3-18 所示，PA0、PB0 一直到 PH0，这些引脚都使用外部中断线 0（EXTI0），PA1、PB1 等使用EXTI1，而 PA15、PB14 等引脚共用中断线（EXTI15_10_IRQ）。注意，如果 PA0 已经占用了 EXTI0，则 PB0 无法再配置为外部中断了。

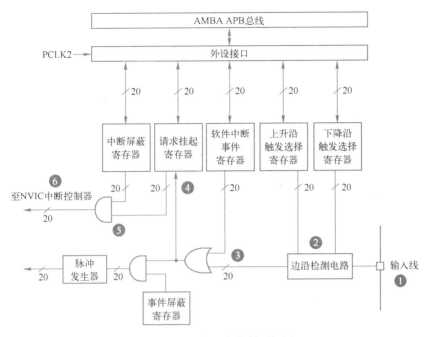

图 3-17 外部中断控制器框图

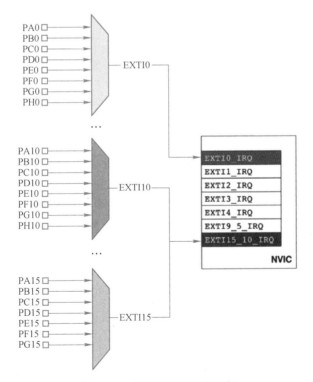

图 3-18 外部中断与引脚映射

按下按键后，引脚产生电平变化，这个电平变化可以被外部中断检测到。即外部中断可以用于检测按键。轮询和中断都可以获取按键信息，怎么理解两者的区别？

小提示：

比如你今天有个快递，快递一般放在前台。你想尽快拿到快递，有两种方法：1. 不停问前台，你的快递到了没有；2. 等快递到了，让前台告诉你。前者就是轮询，后者就是外部中断。

之前讲述的按键检测方式，依赖于 CPU 对引脚的电平状态不停地进行查询，即轮询。轮询方式使 CPU 处于等待状态，同时也不能做出快速响应。因此，在 CPU 任务不太繁忙，对外部设备响应速度要求不高的情况下，常采用这种方式。

用外部中断检测按键，相当于外部设备（仍然位于单片机内部）向 CPU 发出请求，CPU 接到请求后立即中断当前工作，处理外部设备的请求，处理完毕后继续处理未完成的工作。这种方式提高了 STM32 中 CPU 的利用效率，并且对外部设备有较快的响应速度，更加适应实时控制的需要。

3.2.3　NVIC 控制器

STM32 中断随时都可能发生，中断种类很多，不同的中断也有不同的优先级，因此需要嵌套向量中断控制器来管理中断。NVIC 属于 Cortex-M 内核的组件，与处理器内核的接口紧密相连，可以实现低延迟的中断处理和高效地处理晚到的中断。NVIC 特性如下：

① 68 个可屏蔽中断通道（不包含 16 个 Cortex-M3 的中断线）；

② 16 个可编程的优先等级（使用了 4 位中断优先级）；

③ 低延迟的异常和中断处理；

④ 电源管理控制；

⑤ 系统控制寄存器的实现。

ARM 的体系架构决定了 CPU 每执行完一条指令以后，都会去检查是否有中断发生。如果发生了中断，硬件会根据中断源，通知 NVIC，然后 CPU 保存当前工作状态，执行对应中断服务程序，执行完毕恢复各类寄存器值，并返回。

中断服务程序也称中断服务函数，函数的名称是确定的，函数的地址是分配好的。只要发生了某个中断，就会跳转到对应的地址，执行中断服务函数。看上去好像和调用子程序相似，最大的区别是：什么时候调用子程序是确定的，而什么时候发生中断是不确定的。

STM32 的中断优先级由一个 4 位的寄存器管理。习惯上，以前的工程师会把优先级分为抢占优先级和子优先级。同抢占优先级的中断互不打断；同抢占优先级且同时发生的中断，才看子优先级。使用子优先级的情况很少发生，所以本书一律不使用子优先级，即两者共用的 4 位寄存器全部用于配置抢占优先级，来保证抢占优先级有 16 级。

3.2.4　回调函数与弱函数

HAL 库中处理中断时，广泛地使用了回调函数。回调函数是一种特殊的函数，这个函数并非用户主动调用，而是当满足特定的条件以后，由底层的函数来调用。

如图 3-19 所示，用户编写的代码位于上层，HAL 库代码接近硬件，位于底层。用户调用 HAL 库函数，称为直调。目前遇到的所有 HAL 库函数，都是直调函数。直调函数由用户编写代码决定何时调用。当发生特定的事件以后，HAL 库调用用户编写的函数，就是回调。上层编写的专门被底层调用的函数，就是回调函数。

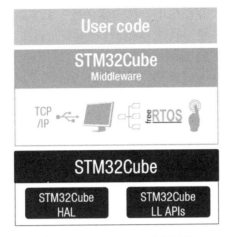

图 3-19　STM32Cube 分层结构

　　HAL 库中的回调函数有个显著的特点，即它是以 Callback 结尾。Callback 的英文含义是回拨电话。

小提示：

　　理解回调函数的重点，是调用的主语，以及执行的时机。回调函数的内容是用户编写的，由更底层代码调用，执行时机为发生特定的事件。举个例子，比如你到商场，看中了一件衣服，但是这个衣服没有适合你的号码，于是你给售货员留了一个电话号码，让她货到后给你打电话（Callback）。在此期间，你不需要不停询问售货员。等到衣服到货了，也就是你们约定的事件发生了，售货员通知你，去取衣服。

　　在 HAL 库中使用回调函数，还有一个问题需要解决，下面结合图 3-20 来说明。HAL.c 文件是 HAL 库的文件，不允许用户修改。HAL 库函数 HAL_func( ) 要调用回调函数 Callback( )，HAL_func( ) 又不能修改，所以 Callback( ) 必须由 HAL 库定义。用户要在自定义的文件 APP.c 里，根据自身业务逻辑重写 Callback( )，比如在 Callback( ) 函数内点亮 LED。用户重写的 Callback( ) 还要被 HAL_func( ) 调用，所以 2 个 Callback( ) 函数同名，但是 C 语言中不允许出现同名函数。

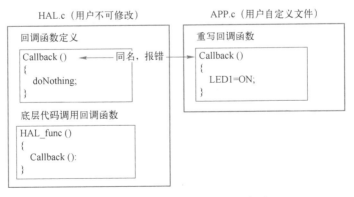

图 3-20　回调函数同名问题示意图

为了解决这个问题，HAL 库使用了一种"弱函数"的机制。弱函数用__weak 标记，它可以被用户定义的同名函数覆盖，如果编译器检测到有与弱函数同名的函数，则不编译弱函数。因此，HAL 库将自身生成的回调函数定义为弱函数，它可以什么功能都没有，只是为了"占个名字"，保证 HAL_func( )正常编译。用户可以在自定义的文件 APP.c 中重新编写此回调函数，去掉__weak 标记，按照业务逻辑编写代码，而不用考虑回调函数同名的问题，因为编译器已经不会再编译弱函数了，如图 3-21 所示。

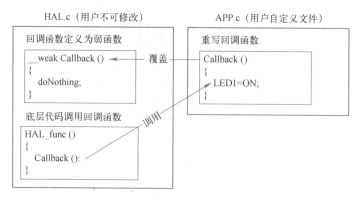

图 3-21　引入弱函数解决同名问题示意图

小提示：

简而言之，被__weak 标记的函数，是"备胎"。

任务实施

1. 使用 STM32CubeMX 配置外部中断

配置引脚

打开 STM32CubeMX，将按键 1 对应的引脚 PB7 设置为外部中断（GPIO_EXTIx），如图 3-22 所示。

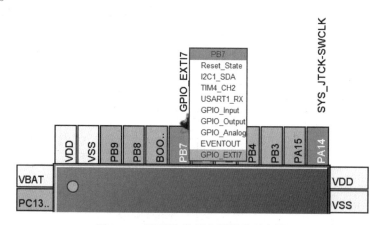

图 3-22　配置为外部中断操作示意图

然后配置 PB7 引脚。此处使用的按键有外接上拉电阻，此处不再设置上拉输入。在默认状况下，引脚是高电平，当按键按下，引脚从高电平变为低电平，会产生下降沿，触发中断。过程如图 3-23 所示。

（1）在 Pinout & Configuration 页面下选择 System Core（见①）。

（2）选择 GPIO 选项（见②），界面右边会显示相应的 GPIO Mode and Configuration 区域。

（3）选中 PB7（见③），在其 GPIO mode 下拉菜单中，选择 External Interrupt Mode with Falling edge trigger detection（带有下降边沿触发检测的外部中断模式）；在其 GPIO Pull-up/Pull-down 下拉菜单中选择 No pull-up and no pull-down（无上拉和下拉）；在 User Label 中设置为 K1_EXTI（见④）。

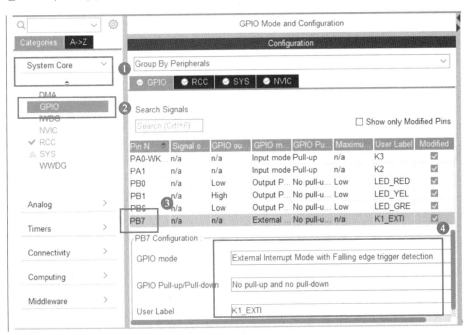

图 3-23　配置为检测下降沿操作示意图

配置中断优先级

在 STM32CubeMX 中，需要单独配置每个中断的优先级并使能。所有的中断都只有使能之后，才能工作。操作如图 3-24 所示。

（1）在 Pinout & Configuration 页面下选择 System Core（见①）。

（2）选择 NVIC 选项，界面右边会显示相应的 NVIC Mode and Configuration（NVIC 模式与配置）区域（见②）。

（3）在 Priority Group（优先级组）下拉菜单中，保持默认，本书默认 16 级抢占优先级，无子优先级（见③）。

（4）在 NVIC Interrupt Table（NVIC 中断表）栏中，勾选 EXTI line[9:5] interrupts（外部中断线 5 到 9，这几根线共用一个中断服务程序）使能此中断，将 Preemption Pnonty（抢占优先级）设置为 15（见④）。

每一个用到了中断的外设都需要在 NVIC 中使能中断，并赋予优先级。本书中的项目对中断优先级无特殊要求，为行文方便，后续使能中断操作的描述将简化。

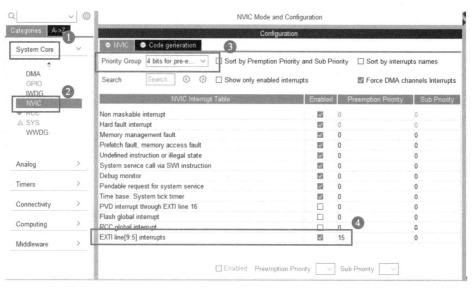

图 3-24   使能外部中断操作示意图

查看生成的代码

生成代码并打开工程后，观察 STM32CubeMX 生成的 GPIO 初始化函数，发现增加了引脚的初始化代码，以及 NVIC 控制器相关代码，设置了中断优先级。

```
1.    static void MX_GPIO_Init(void)
2.    {
3.        GPIO_InitTypeDef GPIO_InitStruct = {0};
4.
5.        /* Configure GPIO pin : K1_EXTI_Pin */
6.        GPIO_InitStruct.Pin = K1_EXTI_Pin;
7.        GPIO_InitStruct.Mode = GPIO_MODE_IT_FALLING;
8.        GPIO_InitStruct.Pull = GPIO_NOPULL;
9.        HAL_GPIO_Init(K1_EXTI_GPIO_Port, &GPIO_InitStruct);
10.
11.       /* EXTI interrupt init */
12.       HAL_NVIC_SetPriority(EXTI9_5_IRQn,15, 0);
13.       HAL_NVIC_EnableIRQ(EXTI9_5_IRQn);
14.   }
```

2. 编写外部中断服务函数

用于处理外部中断的回调函数，名为 HAL_GPIO_EXTI_Callback，它的参数是发生中断的引脚号。外部中断服务函数的业务处理逻辑与按键扫描一样，当检测到按键时，LED 状态变化。在 IO.c 文件中，编写外部中断服务函数如下：

```
1.    /**
2.     * @brief 外部中断函数处理
3.     * @param GPIO_Pin:中断引脚号
```

```
4.      * @ retval None
5.      */
6.     void HAL_GPIO_EXTI_Callback( uint16_t GPIO_Pin )
7.     {
8.         if( GPIO_Pin = = K1_EXTI_Pin )
9.             LED_RED = ! LED_RED;
10.    }
```

主函数的死循环中，不处理任何业务，也不用调用 HAL_GPIO_EXTI_Callback 函数，什么都不用填写，甚至可以让芯片进入休眠模式。只要发生了外部中断，单片机会自动调用 HAL_GPIO_EXTI_Callback 函数，并通过传入不同的参数，来区分是哪一条中断线触发的中断。

下载程序，反复按下按键，并观察现象。

以上代码，没有消抖，可能因为抖动而导致误操作。机械式的按键不推荐使用外部中断检测，因为中断里，不推荐使用延时函数。因为中断里默认处理的是优先级比较高的事件，它将打断优先级比较低的事件。但即便是优先级比较低的事件，也是要处理的，不能被长期搁置。

小提示：

举个例子，比如现在正在上单片机的课程，高数老师过来，想占用 1 分钟，宣布下关于考试的事情，单片机老师就会停止讲课，让高数老师先说。但是高数老师过来，说想占用 1 个小时，教大家从 1 数到 1 万（延时函数的作用可就是数数字），单片机老师是不会让高数老师占用课堂的。

所以，如果要用中断检测按键输入，建议使用硬件滤波，否则可以采用其他的思路，比如每隔 10 ms 检测一次电平，如果连续多次检测都是低电平，说明按键按下。此处暂不讨论。外部中断一般用于处理来自其他数字芯片的信号，电平变化明确、干净，无须消抖。

3. 分析中断函数的调用机制

从应用角度来讲，只要知道发生外部中断，调用 HAL_GPIO_EXTI_Callback 函数，就足够编写代码了。但从学习角度来讲，应当弄清楚中断的处理逻辑，以及到底是谁调用了 HAL_GPIO_EXTI_Callback 函数。应当也有读者好奇，费这么大功夫引进的回调函数与弱函数是为什么。接下来就抽丝剥茧，分析外部中断函数的调用机制。首先在工程中查找 HAL_GPIO_EXTI_Callback 函数出现的地方，如图 3-25 所示。

（1）双击选中 HAL_GPIO_EXTI_Callback 函数名称，按快捷键 Ctrl+f，进入查找界面。

（2）此时 Find what 中为 HAL_GPIO_EXTI_Callback，或者输入函数名称（见①）。

（3）在 Look in 下拉菜单中选择 Current Proiect（见②），在当前工程中进行查找。

（4）单击查找界面下方的 Find Next 按钮进行查找（见③）。

稍加搜索，如图 3-26 所示，可以找到在 stm32f1xx_hal_gpio.c 文件（见①）中第 546 行，找到了为 HAL_GPIO_EXTI_IRQHandler 的函数（见②），IRQ 是中断请求（interrupt request）的意思，Handler 是处理者的意思，函数的名称体现出了它是 HAL 库函数，用于引脚外部中断请求处理。它先用 __HAL_GPIO_EXTI_CLEAR_IT 清除了中断标记，然后调用了回调函数（见③）。

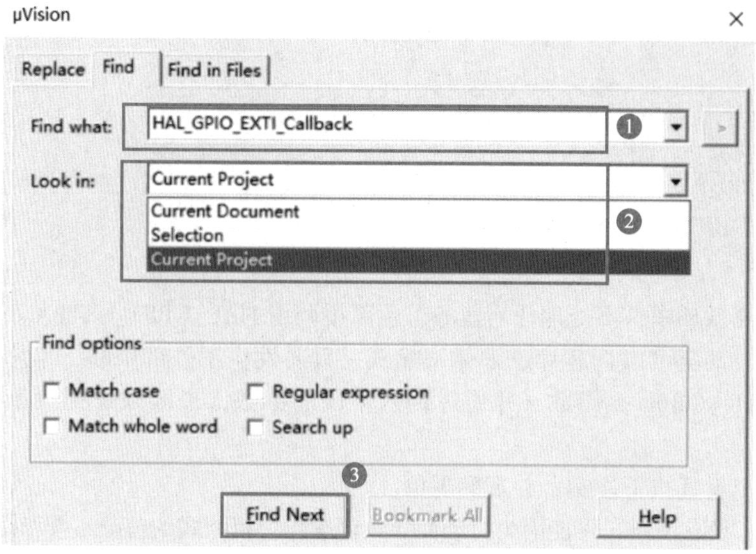

图 3-25　查找 HAL_GPIO_EXTI_Callback 操作示意图

在此函数下方，可以看到被定义为弱函数的 HAL_GPIO_EXTI_Callback，正是它被用户自定义的回调函数覆盖（见④）。

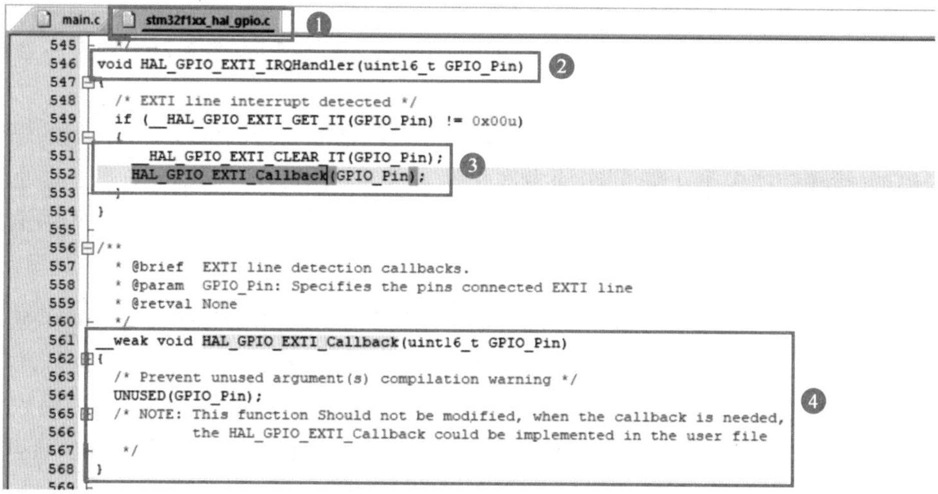

图 3-26　引脚外部中断请求处理函数

然后搜索 HAL_GPIO_EXTI_IRQHandler，如图 3-27 所示，在 STM32F1xx_it.c 文件（见①）第 203 行，发现了名为 EXTI9_5_IRQHandler 的函数，它调用了 HAL_GPIO_EXTI_IRQHandler 函数（见③）。

EXTI9_5_IRQHandler 函数并没有参数（见②），且从名称来看，是外部中断 9_5 请求处理函数，函数名中不包含 HAL，不是 HAL 库的函数。

继续搜索 EXTI9_5_IRQHandler，如图 3-28 所示，发现在 startup_stm32f103xx.s 中找到此函数。点 s 文件是汇编启动文件，它的语法和原理都不是本书的重点，读者只需了解它的功能：它为不同的中断处理函数分配了不同的地址。这些不同的地址，被称为异常向量。只

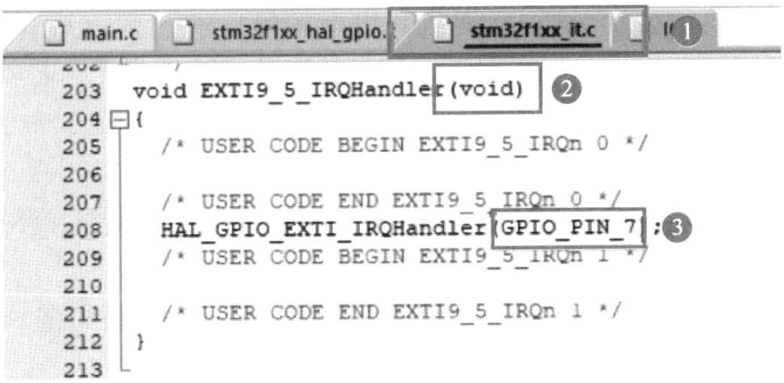

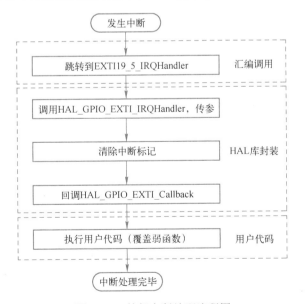

图 3-27 外部中断 9_5 请求处理函数

要发生中断，就会产生一条跳转指令，根据中断的类型与异常向量的地址，跳转到不同的处理函数。

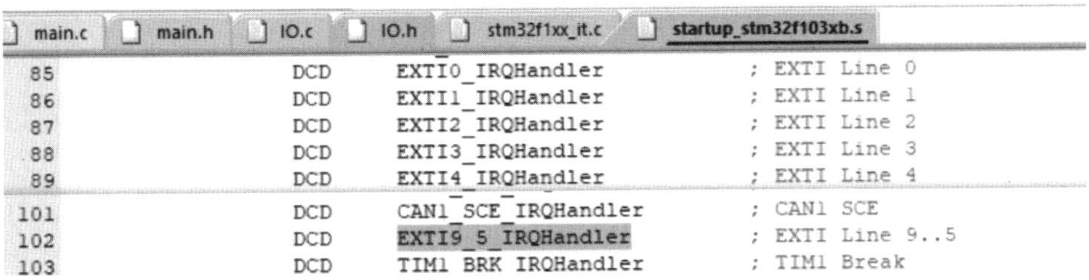

图 3-28 汇编启动文件中的异常向量

一般情况下，C 语言编写的函数都需要声明，方便调用。但是翻遍整个工程，发现 EXTI9_5_IRQHandler 函数都没有被声明。这是因为 EXTI9_5_IRQHandler 函数被汇编调用，它的参数也是以特殊的机制（感兴趣的读者搜索 "ARM 通用寄存器"）传递的。

由 PB7 触发的外部中断的处理流程如图 3-29 所示。

图 3-29 外部中断处理流程图

观察流程图，思考：从汇编调用，到执行用户代码，中间夹杂着 HAL 库封装的函数，能否不用 HAL 库，直接把用户代码写在汇编调用的函数中呢？为什么需要 HAL 库呢？

知识拓展：HAL 库的设计思想

HAL 库借鉴了面向对象的设计思想。HAL 库中的对象，都包含了数据与方法两部分。下面以 GPIO 为例进行介绍。

数据：指引脚的属性，包含了引脚的编号、工作模式、上下拉电阻、输出速度等内容。HAL 库专门设计了相应的数据结构来存储 GPIO 的属性。

方法：指引脚的操作函数，比如引脚的初始化、读取引脚、写入引脚、翻转引脚等函数。这些函数有相应的接口，功能说明，有些拥有返回值。

单纯使用 HAL 库开发，其实外设的初始化时比较麻烦的，用户需要了解某个外设所有的初始化数据类型，成员变量的含义，以及取值范围，然后根据需求配置成员变量。HAL 库与 STM32CubeMX 配合起来使用，在 STM32CubeMX 中使用鼠标，完成外设的初始化设置，能够极大提升开发效率。

当然可以直接把用户代码写在汇编调用的函数 EXTI9_5_IRQHandler 中。事实上，使用寄存器，或者 STD 库编写代码时，就是这么做的。

那为什么需要 HAL 库呢？回顾图 3-28，可以发现有 EXTI0_IRQHandler、EXTI1_IRQHandler 等函数，不难猜出它们是线 0、线 1 的外部中断请求处理函数，也就是说线 5 到 9 共用处理函数，线 0、线 1 各自独占处理函数。这可能是因为历史原因，或者底层硬件差异。工程师必须知道，不同的外部中断源由不同的函数处理，才能够编写代码。但是，从方便使用的角度来考虑，使用外部中断 0，与外部中断 7，流程应当是一样的才对，工程师应当关心业务逻辑，而非硬件差异。因此，HAL 库进行了封装，不论使用的是哪个外部中断，都在 HAL_GPIO_EXTI_Callback 函数中判断，并编写代码。把底层和用户层分开以后，程序的可移植性就提高了。若更换单片机，不用管新的单片机外部中断线是独占还是共用处理函数，只修改 HAL 库相关的内容（修改工作可用 STM32CubeMX 完成），然后把 HAL_GPIO_EXTI_Callback 复制过去就能使用了。

通过以上分析，可以提取出以下 HAL 库开发的一些特点。

① 屏蔽底层硬件，工程师只需要了解库函数开发中相关接口函数的功能，并且按要求传入参数，即可完成操作，而不需要过多了解底层硬件。

② 提高开发效率，整体开发难度降低，开发周期变短，后期维护升级，以及更换硬件后平台移植的工作量较小。

③ 牺牲执行效率，由于考虑了程序的稳健性、扩展性与可移植性，程序内有大量的参数合法性判断，以及函数的多层调用，代码比较臃肿，执行效率较低。

在硬件性能越来越强大的今天，这点开销不是大问题，应用 HAL 库提升开发效率，降低使用难度，会更有意义。

实战强化

有一种"红外对射传感器模块"，把它与单片机电路板连接，能检测红外对射传感器之间是否有物体阻隔：当红外对射传感器中间有物体阻隔，单片机 PB1 就会收到高电平；如果红外对射传感器中间没有物体，单片机 PB1 会收到低电平。编写程序，如果红外对射传感器之间有物体阻隔，让单片机亮起某个 LED 作为指示。

项目小结

STM32 的型号名称能够体现引脚的数量，STM32F103C8T8 有 48 个引脚。

STM32 的 GPIO 配置种类有 8 种之多，常用的有上、下拉输入，推挽输出与开漏输出。

推挽输出模式下输出的高电平是 3.3 V，外接 5 V 电压时开漏输出能够输出的高电平是 5 V，部分引脚的输入电压兼容 5 V。

引脚的输入数据放在 GPIOx_IDR 寄存器中，可调用库函数 HAL_GPIO_ReadPin 读取输入数据。

若按键的一个脚接地，则对应的单片机引脚可设置为上拉输入，当按键按下去以后，引脚检测到低电平。

按键开关瞬间会产生抖动，去抖动有硬件消抖与软件消抖两种方式。

按键扫描函数 KeyScan( ) 的逻辑，以及静态变量怎么理解。

用户自定义的文件添加到工程中 Application/User/Core 文件夹下，用"品"字按钮添加源文件，头无须手动添加。

中断允许优先级更高的事件，打断优先级较低的事件。

外部中断是由引脚检测到的中断，STM32 的引脚需要共用中断线。

NVIC 是嵌套向量中断控制器，用于管理中断。

ARM 的体系架构决定了 CPU 每执行完一条指令以后，都会去检查是否有中断发生。

STM32 的中断优先级由一个 4 位的寄存器管理，本书将抢占优先级配置为 16 级。

回调函数是一种特殊的函数，当满足特定的条件以后，由底层的函数来调用回调函数。

HAL 库有一种"弱函数"的机制。弱函数用 __weak 标记，它可以被用户定义的同名函数覆盖。

用于处理外部中断的回调函数，名为 HAL_GPIO_EXTI_Callback，它的参数是发生中断的引脚号。

中断内不推荐使用延时函数，外部中断最好用于处理来自其他数字芯片的信号。

熟练掌握外部中断处理流程。

HAL 库编程的特点：屏蔽底层硬件、提高开发效率、牺牲执行效率。

项目 4

串口控制的开关灯设计

项目概述

串口是单片机里最简单也最重要的通信接口。有非常多的设备支持串口或者类似于串口的通信方式。借助串口,单片机能够极大地扩展应用领域。单片机能够通过串口与上位机进行通信,向上位机传递数据,或者执行上位机的控制命令。借助有些支持串口通信的 WiFi 模块,单片机能够与互联网建立连接,实现无线上网功能。

串口好用,却不好学。跟通信相关的程序都有一定的调试难度,常常出现发送方发送了数据,接收方收不到数据,或者收到了错误数据的情况。双方都有可能出现问题,也可能是连接的问题。要想使双方通信正常,就要设置正确的通信参数,编写正确的程序,还要确保接线没有问题,有时还要用示波器观察通信波形。

本项目模拟带有单片机的开关灯,通过串口向计算机打印数据,计算机也能通过串口命令来控制灯的开关。

学习目标

序 号	知 识 目 标	技 能 目 标
1	了解并行、串行、单工、半双工、双工、同步、异步这几个概念	能够看懂串口通信数据的波形,并使用 STM32CubeMX 配置串口
2	理解 ASCII 的概念,知道常见数字与字符的 ASCII 码及其相互转换	能够使用 ASCII 码或者十六进制设计自定义的通信协议
3	熟练掌握前后台编程模式的思想	能够使用前后台编程实现串口数据的收发与处理
4	了解变量及函数的命名规则	能够编写比较规范的变量与函数名称
5	熟练掌握串口应声虫的设计思路	能够使用具体代码按实现串口应声虫的功能,并稍加修改,通过串口控制 LED

任务 4.1　开关灯的数据发送

任务分析

串口通信是双向的,既能接收也能发送。串口数据接收要用到串口中断,比较复杂,因此本任务先实现串口数据发送,让开关灯内单片机通过串口向计算机打印数据,计算机端用串口调试软件显示这个数据。使用串口之前,要先了解串口通信的基本知识。单片机发送的串口数据先由计算机接收,以后可以发送给支持串口的其他设备。由于计算机与单片机有不同的电平标准,所以要使用一个专门的电平转换模块。正确连接硬件以后,使用

STM32CubeMX 生成初始化代码，调用 HAL 库函数发送一组特定的串口数据。计算机上运行串口调试软件，显示串口数据。

知识准备

4.1.1　串口通信基础知识

通信方式可分为并行通信和串行通信两种。并行通信，数据的每个二进制位都需要 1 个引脚，数据的各个位同时传输；串行通信，数据在同一个引脚上按位顺序传输。例如设备 A 向设备 B 发送二进制数据 0b0011，低电平代表"0"。如图 4-1 所示，不考虑地线与控制线，并行通信需要 4 个引脚同时发送数据，内容分别为"低低高高"电平；串行通信只需要 1 个引脚，按照顺序发送"低低高高"4 个电平。

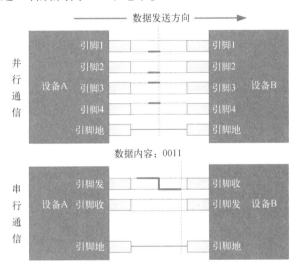

图 4-1　并行通信与串行通信对比

不难看出，并行通信速度快，占用引脚资源较多；串行通信速度相对慢，占用引脚资源少。单片机由于引脚数量较少，常常采用串行通信的方式。实际应用中，并行通信的引脚数量一般是 8 的整数倍。

串行通信按照数据的传输方向，可分为单工、半双工、全双工，它们的区别如图 4-2 所示。

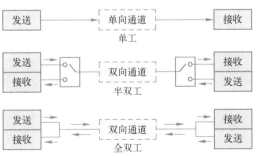

图 4-2　单工、半双工、全双工示意图

　　单工：只支持数据在一个方向上传输。

　　半双工：允许数据在两个方向上传输。但是，在某一时刻，只允许数据在一个方向上传输，它实际上是一种切换方向的单工通信；它不需要独立的接收端和发送端，两者可以合并一起使用一个引脚。

　　全双工：允许数据同时在两个方向上传输。因此，全双工通信是两个单工通信方式的结合，需要独立的接收端和发送端。

　　通信协议按照有没有同步信号，可以分为同步通信与异步通信。在同步通信中，通信双方在时钟信号的驱动下进行协调，同步数据。例如，双方会统一规定，在时钟信号的上升沿或者下降沿对数据线进行采样。异步通信不使用时钟信号进行数据同步，而是在数据信号中穿插一些用于同步的信号位，比如起始位是低电平，结束位是高电平。两者区别如图 4-3 所示。

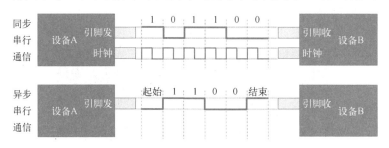

图 4-3　同步通信与异步通信示意图

　　异步通信双方必须规定好数据的传输速率，即共同约定的一个数据位（0 或 1）在数据传输线上持续的时间。数据的传输速率也称波特率，例如波特率为"9 600"，代表每秒传送 9 600 个码元。每一个数据位在传输线上持续的时间是波特率的倒数。

　　单片机支持多种串行通信协议，它们的情况对比如表 4-1 所示。

表 4-1　单片机常用串行通信协议对比

协　议	名　称	引 脚 说 明	同步信号	通信方式
UART	universal asynchronous receiver/transmitter 通用异步收发器	TXD：发送端 RXD：接收端 GND：共地	异步通信	全双工
1-wire	单总线	DQ：发送/接收端	异步通信	半双工
SPI	serial peripheral interface 串行外围设备接口	SCK：同步时钟 MISO：主机输入，从机输出 MOSI：主机输出，从机输入 CS：若干片选信号	同步通信	全双工
IIC	inter-integrated circuit 集成电路总线，也有写作 I²C，中文俗称"I 方 C"	SCK：同步时钟 SDA：数据输入/输出	同步通信	半双工

　　"串口"这个名称只是个约定俗成的称呼，听上去像是"串行通信接口"的简称。由于以上 4 种通信协议都是串行的通信协议，为了避免歧义，在单片机领域，串口一般理解为"通用异步收发器"。

　　单片机使用的异步串行通信字符格式如图 4-4 所示，一般情况下是 1 位起始位，8 位数据位，无奇偶校验，1 位停止位。

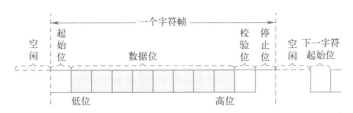

图 4-4　异步串行通信的字符格式

　　STM32 单片机与计算机对于电平的约定不一样。计算机用 RS232 电平，约定 −5 V 至 −15 V 之间的电压信号为 "1"，+5 V 至 +15 V 之间的电压信号为 0。STM32 使用 CMOS 电平，约定 3.3 V 的电压信号为 "1"，0 V 电压信号为 0。另有 TTL 电平应用更加广泛，约定 5 V 的电压信号为 "1"。很多器件兼容 CMOS 与 TTL，STM32 大部分引脚兼容 TTL 电平。兼容 TTL 的引脚在数据手册中使用 "FT" 标记，如图 4-5 所示。

引脚编号						引脚名称	类型(1)	I/O电平(2)	主功能(3)(复位后)	可选的复用功能	
LFBGA100	LQFP48	TFBGA64	LQFP64	LQFP100	VFQFPN36					默认复用功能	重定义功能
D9	29	D7	41	67	20	PA8	I/O	FT	PA8	USART1_CK TIM1_CH1(7)/MCO	
C9	30	C7	42	68	21	PA9	I/O	FT	PA9	USART1_TX(7) TIM1_CH2(7)	
D10	31	C6	43	69	22	PA10	I/O	FT	PA10	USART1_RX(7)/ TIM1_CH3(7)	
C10	32	C8	44	70	23	PA11	I/O	FT	PA11	USART1_CTS/USBDM CAN_RX(7)/TIM1_CH4(7)	

图 4-5　引脚定义节选

　　计算机如果想和单片机进行通信，需要使用 USB 转 TTL 模块实现电平的转换。也有人习惯称之为 232 转 TTL 或者 USB 转串口模块，如图 4-6 所示。

图 4-6　常见的 USB 转 TTL 模块

4.1.2　STM32 串口资源

STM32F103C8T6 共有 3 个通用同步/异步收发器（USART1、USART2 和 USART3）。USART1 接口通信速率可达 4.5 Mbps，其他接口的通信速率可达 2.25 Mbps。其中 USART 是通用同步/异步收发器，UART 是通用异步收发器。由于本书的案例都是串口用作异步通信，所以都作为通用异步收发器来使用。在数据手册中，可以查到 STM32F103 单片机的主要外设资源情况，如图 4-7 所示。

引脚数目	小容量产品		中等容量产品		大容量产品		
	16 K闪存	32 K闪存[(1)]	64 K闪存	128 K闪存	256 K闪存	384 K闪存	512 K闪存
	6 K RAM	10 K RAM	20 K RAM	20 K RAM	48 K或 64 K[(2)] RAM	64 K RAM	64 K RAM
144					3个USART+2个UART 4个16位定时器、2个基本定时器 3个SPI、2个I²S、2个I²C USB、CAN、2个PWM定时器 3个ADC、1个DAC、1个SDIO FSMC（100和144脚封装[(3)]）		
100			3个USART 3个16位定时器 2个SPI、2个I²C、 USB、CAN、1个 PWM定时器 1个ADC				
64	2个USART 2个16位定时器 1个SPI、1个I²C、 USB、CAN、1个 PWM定时器 2个ADC						
48							
36							

图 4-7　STM32F103 单片机的主要外设资源说明

串口通信的引脚除了之前提到的 TXD、RXD、GND，还有 CK（同步信号）、CTS（清除发送）和 RTS（请求发送）等。异步通信时，不需要同步信号 CK。CTS 与 RTS 应用于辅助流控信号，现在较少使用。因此只需要关注 TXD 与 RXD 和引脚的对应关系。STM32F103C8T6 是 48 脚的单片机，它的串口相关引脚如表 4-2 所示。

表 4-2　STM32F103C8T6 串口引脚分布

序号	名称	功　　能	序号	名称	功　　能
12	PA2	USART2_TX	30	PA9	USART1_TX
13	PA3	USART2_RX	31	PA10	USART1_RX
21	PB10	USART3_TX	42	PB6	USART1_TX
22	PB11	USART3_RX	43	PB7	USART1_RX

4.1.3　引脚复用与片内外设重映射

STM32 的引脚可以复用，之前已经见过把引脚设置为"复用推挽输出"，作为输入检测的引脚也可以配置为外部中断。每个引脚都有默认的功能，如果作为其他的功能，则称之为引脚复用，也称为端口复用。

STM32 单片机有丰富的内部外设，比如串口、CAN 控制器、A/D、PWM 等。它们都集成在单片机内部，有相对应的内部控制寄存器，可通过单片机指令直接控制。"外设"这个名词表示外部设备，"内部外设"这个名词听上去自相矛盾，这是因为对于之前的单片机来说，串口、AD 的设备是芯片外部的，属于外设。后来随着技术的进一步发展，为了方便使用，把常用的外设集成到了单片机内部，称为"内部外设"或"片内外设"。现在的外设多指键盘、屏幕等没有集成在单片机里的设备，它们可以通过单片机的引脚、SPI 总线等方式控制。

同一个引脚可以对应多个功能，同一个功能也可以对应多个引脚。内部外设默认对应某个引脚，可以通过重映射的方法把它映射到其他的引脚上，来充分利用片内资源。从表 4-2 中可以看出，USART1_TX 对应的引脚既有 PB6，也有 PA9，如果 PA9 引脚被其他功能占用，可以将 USART1_TX 重映射到 PB6 上，但两个引脚不能同时用作串口 1 的发送功能。

如图 4-8 所示，先设置 PA9 为 USART1_TX（见①），然后将 PB6 设置为 USART1_TX（见②），可以发现 PA9 变为了普通引脚（见③），由此说明，同一个外设可以复用引脚，但是不能同时复用到 2 个不同引脚上。

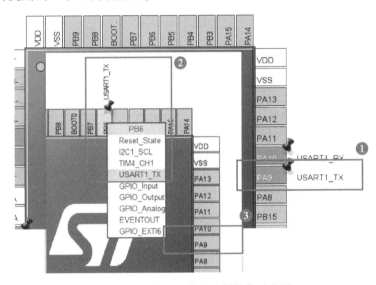

图 4-8　串口 1 的重映射操作示意图

小提示：

引脚有点像内部外设的出口，内部外设的功能可以从前门出去，也可以从后门出去，但不能同时从前门和后门出去。功能 A 可以从前门出去，功能 B 也可以从同一个前门出去，但是功能 A 和 B 不能同时从前门出去。

4.1.4　串口数据发送函数

STM32 串口的工作方式主要有以下 3 种。

轮询方式：与按键扫描的思想类似，CPU 不断检测串口的状态标志位来判断数据收发的情况，程序设计简单，但是 CPU 在检测标志位期间，无法执行其他任务，程序阻塞，CPU 利用率较低。

中断方式：使能中断后，接收或发送若干字节的数据就会进入中断，在数据收发期间，CPU 可以间隙执行其他任务，CPU 的利用率较高。如果传输速率很快，数据量又很大，可能会频繁进入中断，对其他事件有一定影响。

DMA 方式：在启动 DMA 传输后，数据传输过程不需要 CPU 干预。传输完成后，产生 DMA 中断通知 CPU。传输效率高，占用 CPU 资源少，但配置与使用比较复杂。

HAL 库中提供多个串口数据发送函数，主要分为阻塞式的和非阻塞式的。非阻塞式的发送函数，用到中断或者 DMA。本项目使用阻塞式的发送函数 HAL_UART_Transmit( )，查阅 HAL 库的手册，或者在程序中跳转到函数的定义，都可以看到函数的说明信息。函数的声明与参数情况如表 4-3 所示。

表 4-3   HAL_UART_Transmit 函数解析

函数名称	HAL_StatusTypeDef HAL_UART_Transmit(UART_HandleTypeDef ∗ huart, uint8_t ∗ pData, uint16_t Size, uint32_t Timeout) ;
函数描述	以阻塞的模式发送一些数据
参数	huart：指向结构体的指针，这个结构体内包含指定串口的配置信息； pData：指向数据的指针； Size：需要发送的数据的数量； Timeout：超时时间
返回值	函数的执行状态，有 OK、错误、忙、超时这几种情况
注意	当 UART 奇偶校验未启用（PCE=0），并且 Word Length 配置为 9 位（M1-M0=01）时，发送的数据作为一组 u16 处理。在这种情况下，参数 Size 必须表明由 pData 指针提供的 u16 类型数据的数量

前三个参数都很好理解，分别是哪个串口，数据地址与数据多少字节。参数 Timeout 是超时时间，代表某次执行函数，最多占用串口的时间，单位是毫秒（ms）。调用函数的时候要指明参数，本次发送占用多长时间，在此期间，由于串口资源被独占，不可再调用发送函数。如果在规定的时间内，数据发送完毕，那就释放占用的串口资源；如果到了时间，即便数据还没有发送完毕，仍需释放串口资源。在数据量特别大，或者多线程工作时，要设置合理的阻塞时间。

任务实施

1. 使用示波器观察串口波形

串口数据在 TXD 数据线上串行发送，高电平代表"1"，低电平代表"0"，数据线上高低变化的电平能够使用示波器观察到。使用计算机发送串口数据，产生一个能够被示波器捕捉到的波形，如果手头拥有示波器，想自己捕捉波形的话，可以按照如图 4-9 所示的步骤操作。如果不具备实验操作条件，可以直接看结果。

（1）计算机连接 USB 转 TTL 模块，短接 TXD 与 RXD（见①），即自己发送的数据自己接收。

（2）在计算机上打开串口调试软件，设置好 115200 波特率，打开相应串口（见②）。其他设置保持默认，即 8 个数据位，没有校验位，1 个停止位，简称"115200-8N1"。

（3）在数据编辑区输入任意内容，例如 03（见③），单击"发送"按钮，应当可以看到软件上显示收到一些数据（见④），而这些数据就是自己发送的。这 3 步可以验证 USB 转 TTL 模块是否可用，以及计算机上是否安装好相应驱动与软件。

（4）使用示波器探头的鳄鱼嘴接 USB 转 TTL 模块的 GND，探针连接 TXD，调整示波器，抓取到串口数据的通信波形。

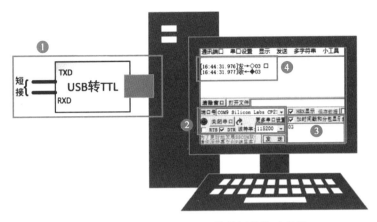

图 4-9　计算机发送串口通信数据操作示意图

（5）从通信波形中，分析某一个字节的内容，以及波特率。

例如，抓取到如图 4-10 所示的波形。

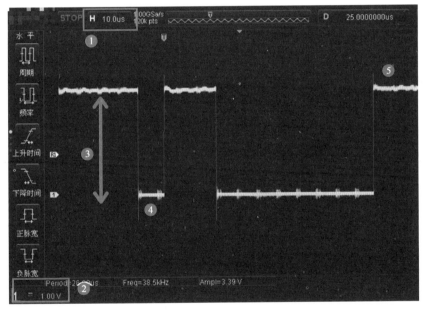

图 4-10　示波器抓取到的串口通信波形图

从图中可以看出，每个横格代表 10 μs（见①），每竖格代表 1 V（见②），波形幅值大概是 3 V 多（见③）。最短的 1 位接近 10 μs，实际上是 8.68 μs。那么每秒传输的位是

$$\frac{1\,000\,000\,\mu s}{8.68\,\mu s/bit} \approx 115\,200\,bit$$

即波特率是 115 200。如果不使用示波器的测量功能，不太容易看出准确的 1 位持续时间。从起始位的开头（见④）到结束位的开头（见⑤），共有 1+8=9 个位，持续的时间接近 80 μs，也可计算出每个位持续的时间。

波形中包含的电平情况是"11000000"，由于数据低位在前，因此实际发送的数据是 0b00000011，即 0x03。

（6）两人合作，一人修改波特率与串口调试软件发送的内容，让另一人根据波形，判断出波特率以及数据内容。

2. 使用 STM32CubeMX 配置串口

配置串口引脚与通信参数

以串口 1 为例，如图 4-11 所示，将引脚 PA9 与 PA10 设置为串口 1 的发送与接收引脚。然后配置串口 1 的波特率，如图 4-12 所示。

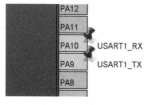

图 4-11　配置串口 1 引脚
操作示意图

（1）在 Pinout & Configuration 页面下选择 Connectivity（见①）。

（2）选择 USART1 选项（见②），界面右边会显示相应的 USART1 Mode and Configuration（USART1 模式和配置）区域。

（3）在其 Mode 下拉菜单中，选择 Asynchronous（异步）（见③）。

（4）在 Advanced Parameters（高级参数）菜单中，Baud Rate（波特率）属性设置为 9 600 Bits/s；Word Lenath（字长）属性设置为 8 Bits（including Parity）；Panty（校验）属性设置为 None；Stop Bits（停止位）属性设置为 1（见④）。

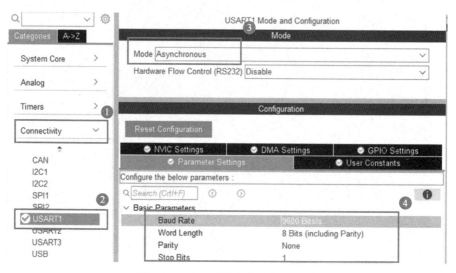

图 4-12　配置通信参数操作示意图

启用串口 1 全局中断

阻塞式的串口发送数据不需要开启中断。此处顺手开启中断，使能串口的中断接收功能，如图 4-13 所示。

（1）在 Pinout & Configuration 页面下选择 System Core（见①）。

（2）选择 NVIC 选项（见②），界面右边会显示相应的 NVIC Mode and Configuration（NVIC 模式与配置）区域。

（3）在 NVIC Interrupt Table（NVIC 中断表）栏中，选择 USART1 global interrupt（串口 1 全局中断），Enable 选项勾选使能，Preemption Pnonty（抢占优先级）设置为 10（见③）。

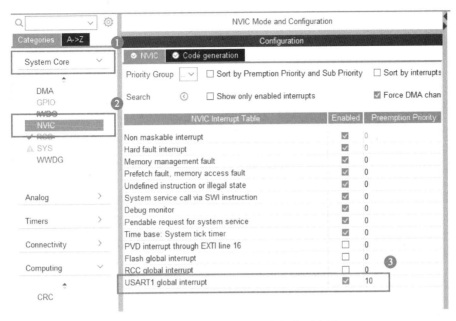

图 4-13　启用串口 1 全局中断操作示意图

查看生成的代码

单击生成代码并打开工程，可以看到 STM32CubeMX 配置好相关初始化代码（已省略部分无关代码）。HAL_UART_MspInit 函数位于 stm32f1xx_hal_msp.c 文件夹内，它配置了引脚属性、中断优先级等与通信无关的参数。

```
1.   void HAL_UART_MspInit(UART_HandleTypeDef * huart)
2.   {
3.     GPIO_InitTypeDef GPIO_InitStruct = {0};
4.     if(huart->Instance = = USART1)
5.     {
6.       __HAL_RCC_USART1_CLK_ENABLE();
7.       __HAL_RCC_GPIOA_CLK_ENABLE();
8.
9.       GPIO_InitStruct.Pin = GPIO_PIN_9;
10.      GPIO_InitStruct.Mode = GPIO_MODE_AF_PP;
11.      GPIO_InitStruct.Speed = GPIO_SPEED_FREQ_HIGH;
12.      HAL_GPIO_Init(GPIOA, &GPIO_InitStruct);
13.
14.      GPIO_InitStruct.Pin = GPIO_PIN_10;
15.      GPIO_InitStruct.Mode = GPIO_MODE_INPUT;
16.      GPIO_InitStruct.Pull = GPIO_NOPULL;
17.      HAL_GPIO_Init(GPIOA, &GPIO_InitStruct);
18.
19.      HAL_NVIC_SetPriority(USART1_IRQn, 10, 0);
20.      HAL_NVIC_EnableIRQ(USART1_IRQn);
```

```
21.        }
22.  }
```

MX_USART1_UART_Init 函数位于 main. c 文件内，它配置了波特率、数据位、校验位等于通信密切相关的函数。

```
1.   static void MX_USART1_UART_Init( void)
2.   {
3.     huart1. Instance = USART1;
4.     huart1. Init. BaudRate = 9600;
5.     huart1. Init. WordLength = UART_WORDLENGTH_8B;
6.     huart1. Init. StopBits = UART_STOPBITS_1;
7.     huart1. Init. Parity = UART_PARITY_NONE;
8.     huart1. Init. Mode = UART_MODE_TX_RX;
9.     huart1. Init. HwFlowCtl = UART_HWCONTROL_NONE;
10.    huart1. Init. OverSampling = UART_OVERSAMPLING_16;
11.    if ( HAL_UART_Init( &huart1) != HAL_OK)
12.    {
13.      Error_Handler( );
14.    }
15.  }
```

思考：在初始化的代码中，通信相关的参数，如波特率、校验位等由函数 MX_USART1_UART_Init 实现，引脚与优先级相关的参数，由 HAL_UART_MspInit 函数实现，两个函数有什么关系？同样是串口初始化的代码，为什么要分开写？

小提示：

这是分层的思想，MX_USART1_UART_Init 里的代码，与单片机型号无关，只跟通信有关；而 HAL_UART_MspInit 函数的内容是跟单片机相关的。MSP（MCU support package），意思是芯片支持包，如果更换板子或者单片机型号，与芯片无关的部分就不需要修改，只改与芯片相关的，最大程度实现代码复用，方便移植。

全局搜索 HAL_UART_MspInit，可以发现 HAL_UART_MspInit 函数是个弱函数，并且在 HAL_UART_Init 函数中调用，也就是相当于被 MX_USART1_UART_Init 调用。在 HAL 库中，大部分内部外设都有名为 HAL_XXX_MspInit 的弱函数。

3. 按键控制串口数据发送

发送串口数据的关键是如何使用 HAL_UART_Transmit 函数。编写代码如下：

```
1.   int main( void)
2.   {
3.     /* USER CODE BEGIN 2 */
4.     unsigned char uartBuf[ 18] = "you pressed key1 !";
5.     /* USER CODE END 2 */
6.
7.     /* Infinite loop */
```

```
8.      /* USER CODE BEGIN WHILE */
9.      while (1)
10.     {
11.       if(KEY1_PRES == KeyScan())
12.       {
13.         LED_RED = !LED_RED;
14.         HAL_UART_Transmit(&huart1,uartBuf,18,0xffff);
15.       }
16.       /* USER CODE END WHILE */
17.     }
18.   }
```

注意要把代码写在某对 USER CODE BEGIN 与 END 之间。第 4 行，新建一个字符串，储存"you pressed key1!"；第 11 ~ 15 行，如果按键 1 按下，红灯状态改变，然后调用 HAL_UART_Transmit 函数发送串口数据。此函数的参数表示，向串口 1，发送数组 uartBuf 里的 18 个字节，阻塞时间为最大值，即发送完毕，才释放串口资源。

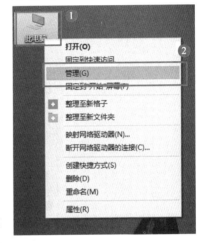

将上述代码下载到单片机内，运行程序。单片机开发板与 USB 转 TTL 模块按照"TR 交叉、地直连"的方式连接。将 USB 转 TTL 模块插到计算机上。如果已经安装了对应的驱动，则计算机会分配串口号。可在设备管理器下查看串口号。

如图 4-14 所示，右键单击此电脑图标，打开右键菜单（见①），然后单击"管理"（见②），打开计算机管理界面。

图 4-14　打开计算机管理操作示意图

如图 4-15 所示，在左侧选项列表中单击"设备管理器"（见①），在右边界面中打开端口列表（见②），可以看到计算机为 USB 转 TTL 模块分配的串口号为 9（见③）。

不同的计算机、不同的设备，分配的串口号也不同。如果提示未知设备，则可能没有安装串口芯片的驱动，或者设备已损坏。

在计算机上运行串口调试软件，按下开发板的按键，应当可以看到按键信息，如图 4-16 所示，说明串口数据发送成功。

4. 串口重定向

在刚刚的例子中，需要把字符装填到数组中，再通过数组来发送数据，比较麻烦，能否直接向串口打印字符串？可以通过重定向 C 语言中的 printf 函数来实现。

在 C 语言中，printf 函数用于将串口数据格式化输出到屏幕；在嵌入式系统中，一般采用串口进行输入与输出。重定向是指用户改写 C 语言的库函数，当连接器检查到用户编写了与 C 库函数同名的函数时，将优先使用用户编写的函数，从而实现对库函数的修改。Printf 函数内部通过调用 fputc 函数来实现数据输出，用户可以改写 fputc 函数来实现串口重定向。

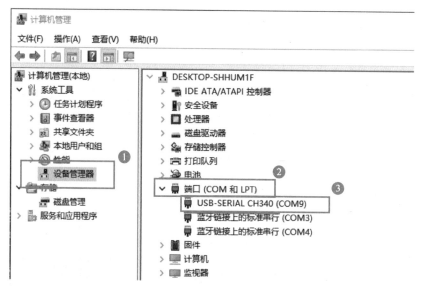

图 4-15　查看串口号操作示意图

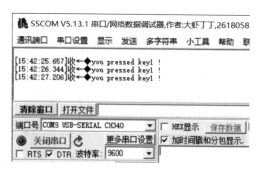

图 4-16　串口调试软件显示数据操作示意图

在 main. h 中包含 stdio. h 的头文件。在 main. c 文件中重定向 fputc 函数，代码如下。注意把代码写在合适的地方。

```
1.   //main. h
2.   /* USER CODE BEGIN Includes */
3.   #include "stdio. h"
4.   /* USER CODE END Includes */
5.
6.   //main. c
7.   /* USER CODE BEGIN 0 */
8.   int fputc( int ch, FILE * f)
9.   {
10.      HAL_UART_Transmit( &huart1, ( uint8_t * ) &ch, 1, 0xFFFF) ;
11.      return ch;
12.  }
13.  /* USER CODE END 0 */
```

然后在主函数中可以调用 printf 函数，很方便地向串口打印一条语句，并且用占位符的方式在字符串中插入数字。修改程序并运行，在按键按下去以后，串口助手中可以收到如图 4-17 所示的数据。

```
1.   int main(void)
2.   {
3.       unsigned char uartBuf[18] = "you pressed key1 !";
4.       unsigned char keyCnt = 0;
5.       while (1)
6.       {
7.        if(KEY1_PRES == KeyScan())
8.        {
9.          keyCnt++;
10.         LED_RED = !LED_RED;
11.         HAL_UART_Transmit(&huart1,uartBuf,18,0xffff);
12.         printf(" The KEY count is %d. \r\n",keyCnt);
13.        }
14.       }
15.   }
```

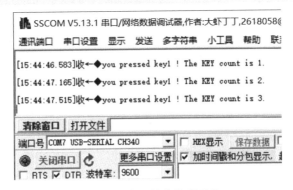

图 4-17 串口接收数据现象

任务4.2 开关灯的数据接收

任务分析

本项目将使用单片机根据串口接收到的命令操作 LED 的开关。分析命令的前提是能够正确接收并解析一帧串口数据。发送数据可以阻塞，但接收数据不能阻塞。因为很少有把程序暂停，只等接收数据的情况。通常要使用中断。这是第二次使用中断，需要进一步熟悉 STM32 中断的机制。调试通信相关的代码比较难，因此编写代码要步步为营，先将串口收到的任何数据都原封不动发送出去，收到一个字节就立即发送一个字节，即实现串口应声虫的功能，确保硬件、连线、单片机的串口设置都没有问题。

知识准备

4.2.1　ASCII 码

串口通信的波形只有高低电平，如果需用通过串口发送字符 ab，那么实际上串口的波形是什么呢？如图 4-18 所示，将串口调试软 HEX 发送选项件取消勾选（见①），在数据区输入 ab（见②），单击"发送"按钮（见③），使用示波器抓取通信信号，将看到如图 4-19 所示的波形。

图 4-18　串口调试软件发送 ab 操作示意图

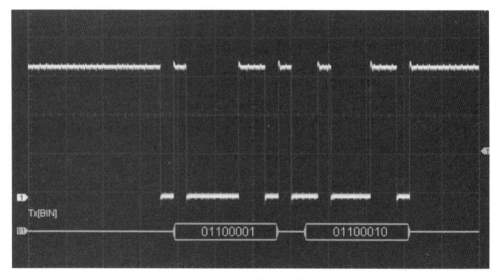

图 4-19　通信波形图

从图形中可以分析出，实际电平情况为：低（起始位）、高、低、低、低、低、高、高、低、高（结束位）；低（起始位）、低、高、低、低、低、高、高、低、高（结束位）。由于低位在前，可以看出数据实际为 0b0110 0001 与 0b0110 0010。如果示波器自带的解码功能，则可以自动分析出数据。

不难分析出数据 0b0110 0001 对应 0x61，0b0110 0010 对应 0x62。为什么 0x61 与 0x62 对应了字符 ab 呢？

串口通信数据以 ASCII 码来发送。ASCII（American Standard Code for Information Interchange，美国信息交换标准代码）是基于拉丁字母的一套计算机编码系统，主要用于显示现代英语和其他西欧语言，不包含中文。

在计算机中，所有的数据在存储和运算时都要使用二进制数表示。例如 a、b、c、d 这样的字母，以及 0、1 等数字还有一些常用的符号（例如 * 、#、@ 等）在计算机中存储时也要使用二进制数来表示，而具体用哪些二进制数字表示哪个符号，当然每个人都可以约定自己的一套规则（这就叫编码），而大家如果要想互相通信而不造成混乱，那么就必须使用相同的编码规则，于是美国有关的标准化组织就出台了 ASCII 编码，统一规定了上述常用符号用哪些二进制数来表示。ASCII 码表中并非所有的字符都用于显示，比如 0x0d 与 0x0a 分别表示回车与换行，它们是控制字符。表 4-4 是常见的字符对应的 ASCII 码。

表 4-4　ASCII 码对照表节选

Bin （二进制）	Oct （八进制）	Dec （十进制）	Hex （十六进制）	缩写/字符	解　释
0000 0000	00	0	0x00	NUL（null）	空字符
00001010	012	10	0x0A	LF（NL line feed, new line）	换行键
0000 1101	015	13	0x0D	CR（cARRiage return）	回车键
0010 0000	040	32	0x20	（space）	空格
0010 0001	041	33	0x21	!	叹号
0010 0010	042	34	0x22	"	双引号
0011 0000	060	48	0x30	0	字符 0
0011 0001	061	49	0x31	1	字符 1
0011 0010	062	50	0x32	2	字符 2
0011 1001	071	57	0x39	9	字符 9
0100 0001	0101	65	0x41	A	大写字母 A
0100 0010	0102	66	0x42	B	大写字母 B
0100 0011	0103	67	0x43	C	大写字母 C
0110 0001	0141	97	0x61	a	小写字母 a
0110 0010	0142	98	0x62	b	小写字母 b
0110 0011	0143	99	0x63	c	小写字母 c
0111 1110	0176	126	0x7E	~	波浪号
0111 1111	0177	127	0x7F	DEL（delete）	删除

数字、字母对应的 ASCII 码要能够灵活应用。字符 0 的 ASCII 码为 0x30，想由字符 1 得到数字 1，可以减去 '0' 或者 0x30。字母 A 对应的 ASCII 码是 0x41，想由大写字母 A 得到小写字母 a，可以加上 32。

串口收到的数据 0b0110 0001，既可以理解为 16 进制的 0x61，也可以理解为 10 进制的 97，还可以理解为小写字母 a，它们对应的编码值是一样的，使用示波器观察到的波形也是一样的，如何解释，要看通信双方的约定。

4.2.2　串口接收中断的处理逻辑

与阻塞发送函数 HAL_UART_Transmit 配套，有个阻塞式的接收函数，名为 HAL_UART_Receive，但此函数不常用，串口数据接收通常使用中断函数 HAL_UART_Receive_IT。HAL 库的串口中断比较复杂，主要流程如图 4-20 所示。

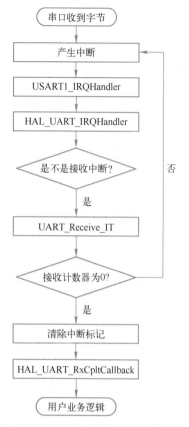

图 4-20　串口接收中断处理流程图

USART1_IRQHandler：由硬件调用，只要产生了串口接收中断，就自动调用此函数。它不是 HAL 库函数，寄存器编程或 STD 库编程也需要调用此函数。

HAL_UART_IRQHandler：通过中断类型（发送中断还是接收中断）来判断调用哪个函数。

UART_Receive_IT：可以指定每收到若干个字节调用一次串口中断服务回调函数。这是因为，每收到 1 个字节，都会把此函数的接收计数器−1，如果接收计数器为零，调用串口接收回调函数 HAL_UART_RxCplt-Callback（实际上 HAL 库一共提供了 5 个回调函数，只有这个函数在接收完成时调用）。如果将计数器设置为 n，收到 n 个字节的数据，会调用一次回调函数。这种方法可能用在指定数据长度的通信协议内。通常情况下都是每收到 1 个字节就调用一次回调函数。

HAL_UART_RxCpltCallback：这是串口中断服务回调函数，也是个弱函数。用户可以重写此函数，编写业务逻辑。本任务收到一个字节，就立即发送一个字节。

清除中断标记，是中断处理函数一定要做的事情，但是 HAL 库在调用回调函数之前，就清除了中断标记，所以用户无须手动清除。

任务实施

1. 开启串口接收中断

要使用中断来接收串口数据，则必须开启中断。先前在 STM32CubeMX 中已经使能了串口 1 的全局中断。但是，串口的接收中断必须使用代码开启。另外，每次处理完串口接收中断以后，会自动关闭串口中断，如果想循环接收数据，则必须在处理完中断以后，再次手动开启串口接收中断。

开启串口接收中断要使用函数 HAL_UART_Receive_IT，它有 3 个参数，分别是串口句柄的地址，存放接收数据的首地址，待接收数据的个数。申请 1 个临时数组 Uart1Temp，用于存放串口收到的数据。

修改串口初始化函数 MX_USART1_UART_Init，在 USER CODE 注释之间，调用 HAL_UART_Receive_IT 函数开启串口 1，指明接收到的数据临时存放在 Uart1Temp 数组中，每收到 1 个字节，调用一次串口接收中断的回调函数。

```
1.  //main. c
2.  /* USER CODE BEGIN PV */
3.  unsigned char Uart1Temp[100];
4.  /* USER CODE END PV */
```

```
5.
6.    static void MX_USART1_UART_Init(void)
7.    {
8.      /* USER CODE BEGIN USART1_Init 2 */
9.      HAL_UART_Receive_IT(&huart1,Uart1Temp,1);
10.     /* USER CODE END USART1_Init 2 */
11.   }
```

2. 编写串口接收中断的回调函数

当串口收到若干个数据，会调用串口接收中断的回调函数 HAL_UART_RxCpltCallback，在此函数中，每收到 1 个字节，就发送 1 个字节。注意，不要忘记重新开启串口接收中断。编写代码如下：

```
1.    //main.c
2.    /* USER CODE BEGIN 0 */
3.    void HAL_UART_RxCpltCallback(UART_HandleTypeDef * huart)
4.    {
5.      if(huart->Instance==USART1)
6.      {
7.        HAL_UART_Receive_IT(&huart1,Uart1Temp,1);          //开启串口接收中断
8.        HAL_UART_Transmit(&huart1,Uart1Temp,1,0xffff);     //发送接收到的数据
9.      }
10.   }
11.   /* USER CODE END 0 */
```

在计算机上运行串口调试软件，向单片机发送数据，单片机把收到的数据都原样发回去，说明串口数据的收、发功能都已实现，如图 4-21 所示。

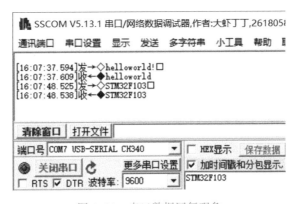

图 4-21　串口数据回复现象

目前的代码仍然存在许多问题。如同外部中断中不应当延时一样，串口接收中断里也不应当执行串口发送函数，因为串口发送函数是阻塞的。例如通信的波特率是 9 600，那么发送 10 个字节，就要占用 10 ms 的时间。这段时间内，CPU 无法处理其他事务。

提高波特率会不会好一些？在这个案例中并不，因为波特率较高（一般大于 38 400）时，

中断每收发 1 个字节，CPU 都会被打断。频繁进入接收串口数据的中断造成正常的业务逻辑受影响。

动手：把波特率改为 115 200，通过串口调试软件给单片机发送串口数据，观察现象。

开启串口接收中断的函数 HAL_UART_Receive_IT，第 3 个参数为待接收数据的个数。如果设置此参数为 5，则每接收 5 个字节，进入一次串口中断。这种方式可以减少进入中断的次数，但是也会带来新的问题：串口只能接收定长的数据，使用也不方便。

动手：保持波特率为 115 200，修改 HAL_UART_Receive_IT 函数的第 3 个参数，通过串口调试软件给单片机发送定长、不定长的串口数据，观察现象。

任务 4.3　自定义串口命令控制开关灯

任务分析

上一个任务已经实现了串口数据的收发，但是代码并不好用，如果通信速率快一点，可能就会丢失数据；如果数据定长，使用起来又不方便。这一节将改进代码，使串口能够通过结束符正确截断数据。同时要规范变量命名，优化整体结构，用前后台的编程模式提高程序的质量。先编写串口应声虫的程序，然后根据通信协议对串口数据进行判断，最终实现用自定义的串口命令控制 LED 的功能。

知识准备

4.3.1　前后台编程模式

让主程序在 1 个死循环内不断循环、顺序地做各种事情，这种编程方式称为轮询。它的伪代码如下：

```
1.   int main( void)
2.   {
3.     HardWareInit( );
4.     while(1)
5.     {
6.       task1( );
7.       task2( );
8.       task3( );
9.     }
10.  }
```

对于少数简单的任务，这种方式是没有问题的。但假如任务多一些，又有一些比较浪费时间的任务，这个系统的实时响应能力就会受到影响。比如 task1 任务是按键扫描，而此时正好处理到 task2，而且 task2 正在处理一件浪费时间比较久的任务，久到按键释放了，task2 的任务也没处理完，那么 task1 就会丢失一次按键扫描事件。

前后台编程模式在轮询系统的基础上加入了中断。事件的响应在中断里面完成，事件的处理还是回到轮询系统中完成，中断称为前台，main 函数里面的无限循环称为后台，伪代码如下，其中 ISR 指的是中断服务程序（interrupt service routines）：

```
1.   int main( void)
2.   {
3.     HardWareInit( );
4.     while(1)
5.     {
6.       if(flag1) {
7.         task1( );
8.         flag1 = 0;
9.       }
10.      if(flag2) {
11.        task2( );
12.        flag2 = 0;
13.      }
14.      if(flag3) {
15.        task3( );
16.        flag3 = 0;
17.      }
18.    }
19.  }
20.  void ISR1( ){flag1 = 1;}
21.  void ISR2( ){flag2 = 1;}
22.  void ISR3( ){flag3 = 1;}
```

在顺序执行后台程序的时候，如果有中断来临，那么中断会打断后台程序的正常执行流，转而去执行中断服务程序，在中断服务程序里面标记事件。即事件的响应与处理分开，如图 4-22 所示。

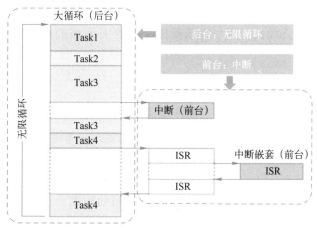

图 4-22　前后台编程模式示意图

由于 ISR 没有返回值，也不能传递参数，所以通常使用全局的标志位来标记事件。中断是抢占式的，并且可以嵌套，相比于轮询系统，前后台系统确保了事件不会丢失，并且提升了程序的响应速度。前后台的编程模式足以应对大多数的中小型项目。以后会学习嵌入式的操作系统，以应对更复杂的、对实时性有更高要求的项目。

4.3.2 自定帧格式通信协议

在实际工程应用中，数据的传输常常以帧（frame）为单位来进行。一帧数据由多个字符组合而成，不同字段的字符代表不同的含义，执行不同的功能。发送方按照规定的帧格式发送一帧数据，接收方接收下这一帧数据后，再按照帧格式进行解析。例如，工控领域中最常用的 Modbus 通信协议中的 ASCII 报文帧如图 4-23 所示。

起始	地址	功能	数据	LRC	结束
1字符 ⋮	2字符	2字符	0到to 2x252字符	2字符	2字符 CR, LF

图 4-23 ASCII 报文帧示意图

ASCII 报文帧规定一帧数据必须以一个冒号 "：" （十六进制 0x3A）开始，以回车、换行结束（CR，LF，十六进制的 0x0D，0x0A）。LRC 是基于纵向冗余校验算法的错误校验域。

接下来仿照 Modbus 的 ASCII 报文帧，自定义帧格式，如表 4-5 所示。

表 4-5 自定义帧格式

起始	地 址	功 能	数 据	结 束
：	1 字符	1 字符	3 字符	回车、换行
0x3A	S 表示操作 STM32 开发板	L 表示操作 LED	分别对应红灯、黄灯、绿灯 0 表示关灯 1 表示开灯 2 表示状态翻转 3 表示保持原状	0x0D 0x0A

例如，发送数据 "：SL012/r/n" 表示操作 STM32 开发板的 LED，红灯关，黄灯开，绿灯状态翻转。

4.3.3 变量及函数命名规则

随着工程的壮大，用到的变量与函数越来越多，规范变量及函数的命名也变得更重要。关于代码的命名规则有很多，不同的领域也有不同的要求。本书提出几个命名规则如下。

（1）见名知意，利用英文单词或者缩写形式定义变量或者函数，名称要体现变量和函数的功能，不使用拼音来命名。

（2）变量一般采用名词形式来命名，多个单词间利用大小写字母作为间隔。全局变量的首字母大写，例如 Uart1ReceiveFlag，局部变量首字母小写，例如 keyCnt。

（3）函数的名称要指明主体与对应的动作，也利用大小写做间隔，如 KeyScan。

（4）宏定义和用户自定义的数据类型全部采用大写字符，利用下划线作为间隔，如

KEY1_PRES。

（5）较长单词可以大写字母缩写，缩写与其他大写字母之间的间隔可以用下划线。

按照此命名规范编写几个变量，Uart1ReceiveFlag、Uart1ReceiveBuf、Uart1ReceiveCnt 和 Uart1Temp[REC_LENGTH]，请自行分析它们的用途。

4.3.4　串口应声虫的设计思路

使用前后台编程模式，能够重新设计串口应声虫的逻辑。前台程序为中断服务程序，一旦收到结束符 0x0A，就标记 Uart1ReceiveFlag 为 1。后台程序为主函数中的死循环，在循环中不断检测 Uart1ReceiveFlag 是否为 1，如果为 1，则表明数据接收完成，并存放在接收数组 Uart1ReceiveBuf 中，然后进行处理。目前把收到的数据原样发送回去，清除标志位。程序的逻辑如图 4-24 所示。

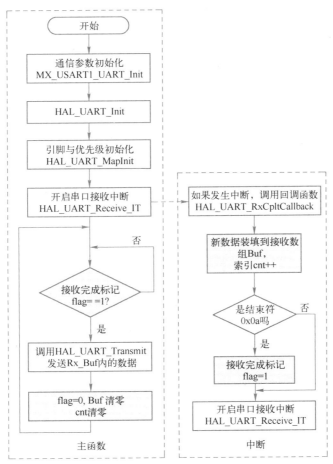

图 4-24　串口应声虫逻辑流程图

此流程图的关键在于 Uart1ReceiveFlag、Uart1ReceiveBuf 和 Uart1ReceiveCnt 三个全局变量的应用。如果单片机串口接收到串口数据，就会调用串口中断回调函数 HAL_UART_Rx-CpltCallback，在此函数内把刚收到的 1 个字节放到数组 Uart1ReceiveBuf 中，Uart1ReceiveCnt 作为计数器，同时也是数组的索引，记录这个字节该放到数组的哪个位置上，然后计数器

+1，下次收到的数据放到后一个位置上。如果刚收到的这个字节是结束符，那么接收完成标记 Uart1ReceiveFlag=1。使用完接收的数据以后，记得把标志位、数组、计数器清零。

任务实施

1. 实现串口应声虫

在 UART. c 中编写几个串口通信用的全局变量。将 UART. c 添加到工程中。由于这些全局变量要在 main. c 中跨文件使用，因此在 UART. h 中编写宏定义与这个几个变量的外部声明。

```
1.   //UART. c
2.   unsigned char Uart1ReceiveBuf[MAX_REC_LENGTH] = {0};  //UART1 存储接收数据
3.   unsigned char Uart1ReceiveFlag = 0;                   //UART1 接收完成标志
4.   unsigned int   Uart1ReceiveCnt = 0;                   //UART1 接受数据计数器
5.   unsigned char Uart1Temp[REC_LENGTH] = {0};            //UART1 接收数据缓存
6.
7.   //UART. h
8.   #define REC_LENGTH   1
9.   #define MAX_REC_LENGTH   1024
10.
11.  extern unsigned char Uart1ReceiveBuf[MAX_REC_LENGTH];  //UART1 存储接收数据
12.  extern unsigned char Uart1ReceiveFlag;                 //UART1 接收完成标志
13.  extern unsigned int   Uart1ReceiveCnt;                 //UART1 接受数据计数器
14.  extern unsigned char Uart1Temp[REC_LENGTH];            //UART1 接收数据缓存
```

修改 main. h，包含 UART. h，并对串口 1 的句柄 huart1 进行外部声明。

```
1.   //main. h
2.   /* USER CODE BEGIN Includes */
3.   #include "stdio. h"
4.   #include "UART. h"
5.   /* USER CODE END Includes */
6.   /* USER CODE BEGIN ET */
7.   extern UART_HandleTypeDef huart1;
8.   /* USER CODE END ET */
```

将重定向 printf 的代码剪切到 UART. c 中。按照串口应声虫的逻辑，重写串口中断回调函数。

```
1.   //UART. c
2.   /**
3.    * @brief 串口中断回调函数
4.    * @param 调用回调函数的串口
5.    * @note 串口每次收到数据以后都会关闭中断,如需重复使用,必须再次开启
6.    * @retval None
```

```
7.     */
8.     void HAL_UART_RxCpltCallback（UART_HandleTypeDef ＊ huart）
9.     {
10.     if（huart->Instance == USART1）
11.     {
12.         Uart1ReceiveBuf［Uart1ReceiveCnt］ = Uart1Temp［0］；
13.         Uart1ReceiveCnt++；
14.         if（0x0a == Uart1Temp［0］）
15.         {
16.             Uart1ReceiveFlag = 1；
17.         }
18.         HAL_UART_Receive_IT（&huart1，（uint8_t ＊）Uart1Temp，REC_LENGTH）；
19.     }
20.     }
```

在主函数的死循环中，判断串口接收标志位，将接收到的串口数据发回去。

```
1.     //main. c main（）
2.     while （1）
3.     {
4.         if（Uart1ReceiveFlag）
5.         {
6.             HAL_UART_Transmit（&huart1，Uart1ReceiveBuf，Uart1ReceiveCnt，0x10）；    //发送接收到
的数据
7.             for（int i = 0；i<Uart1ReceiveCnt；i++）
8.                 Uart1ReceiveBuf［i］ = 0；
9.             Uart1ReceiveCnt = 0；
10.            Uart1ReceiveFlag = 0；
11.        }
12.    }
```

将上述代码下载到单片机内，运行程序。单片机开发板与 USB 转 TTL 模块按照"TR 交叉、地直连"的方式连接，在计算机上运行串口调试软件，向单片机发送数据。如图 4-25

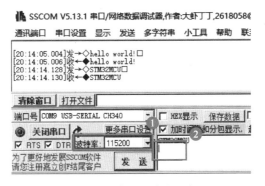

图 4-25　串口应声虫现象

所示，注意波特率与程序匹配，设为"115200"（见①），串口调试软件发送的数据结尾要有回车键（见②），相当于数据的结尾是 0x0d+0x0a。应当可以看出单片机收到什么数据，就返回什么数据，说明串口应声虫代码没有问题。

2. 通过串口控制 LED

当已经能够获取并截断串口数据后，只需要根据通信协议来判断指定的字符，即可实现由上位机发送控制命令，通过串口控制 LED 的功能。编写代码如下：

```
1.   //IO. h
2.   #define LED_ON      0
3.   #define LED_OFF     1
4.
5.   //main. c main( )
6.       if( Uart1ReceiveFlag)     //收到了一组完整的串口数据
7.       {
8.          printf( " The Received command is :\r\n") ;   //发送接收到的数据
9.          HAL_UART_Transmit( &huart1, Uart1ReceiveBuf, Uart1ReceiveCnt, 0x10) ;
10.         if( ( ':' = = Uart1ReceiveBuf[0]) && ('S' = = Uart1ReceiveBuf[1]))//检验起始位与地址位
11.         {
12.           if('L' = = Uart1ReceiveBuf[2])               //如果操作 LED
13.           {
14.             //红灯
15.             if('0' = = Uart1ReceiveBuf[3])        LED_RED = LED_OFF ;
16.             else if('1' = = Uart1ReceiveBuf[3])   LED_RED = LED_ON ;
17.             else if('2' = = Uart1ReceiveBuf[3])   LED_RED = !LED_RED ;
18.             //黄灯
19.             if('0' = = Uart1ReceiveBuf[4])        LED_YEL = LED_OFF ;
20.             else if('1' = = Uart1ReceiveBuf[4])   LED_YEL = LED_ON ;
21.             else if('2' = = Uart1ReceiveBuf[4])   LED_YEL = !LED_YEL ;
22.             //绿灯
23.             if('0' = = Uart1ReceiveBuf[5])        LED_GRE = LED_OFF ;
24.             else if('1' = = Uart1ReceiveBuf[5])   LED_GRE = LED_ON ;
25.             else if('2' = = Uart1ReceiveBuf[5])   LED_GRE = !LED_GRE ;
26.           }
27.         }
28.
29.         //清除接收数组、计数器、标志位
30.         for( int i = 0;i<Uart1ReceiveCnt;i++)
31.           Uart1ReceiveBuf[i] =0;
32.         Uart1ReceiveCnt = 0;
33.         Uart1ReceiveFlag = 0;
34.       }
```

下载程序，观察现象。如图 4-26 所示，使用串口调试软件向单片机发送串口命令（注意，"：SLO12"结尾有回车键），能够看到串口正确回复了数据，并且根据命令的操作了 LED。

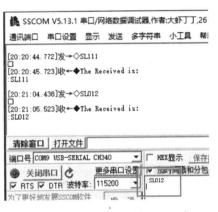

图 4-26　通过串口控制 LED 现象

知识拓展：探索开启中断函数操作了哪些寄存器

串口中断回调函数中，每次收到数据以后都会关闭中断，如需重复使用，需要调用 HAL_UART_Receive_IT 函数，再次开启。这是为什么呢？本节通过分析 HAL_UART_Receive_IT 函数在执行前后，相关寄存器发生了哪些变化，来提升调试技巧。

首先，进入 UART.c 文件，在 31 行前打断点，并进入调试模式，如图 4-27 所示。

```c
15  /**
16   * @brief 串口中断回调函数
17   * @param 调用回调函数的串口
18   * @note  串口每次收到数据以后都会关闭中断，如需重复使用，必须再次开启
19   * @retval None
20   */
21  void HAL_UART_RxCpltCallback(UART_HandleTypeDef *huart)
22  {
23    if(huart->Instance==USART1)
24    {
25      Uart1ReceiveBuf[Uart1ReceiveCnt] = Uart1Temp[0];
26      Uart1ReceiveCnt++;
27      if(0x0a == Uart1Temp[0])
28      {
29        Uart1ReceiveFlag = 1;
30      }
31      HAL_UART_Receive_IT(&huart1,(uint8_t *)Uart1Temp,REC_LENGTH);
32    }
33  }
34
```

图 4-27　在开启串口接收中断函数前打断点操作示意图

使用串口调试软件发送结尾是 0x0A 的测试数据，让程序停在调用函数之前。调出寄存器查看窗口，查看相关寄存器的数据。然后运行下一行程序，观察寄存器数据的变化，如图 4-28 所示，左图为开启中断前，右图为开启中断后。

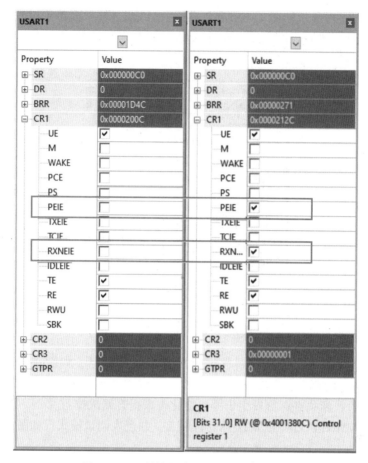

图 4-28   函数执行前后寄存器的变化图

可以看出，函数执行后，CR1 寄存器 PEIE 与 RXNEIE 被置 1。打开中文参考手册，在 25.6.4 节可以找到 USART_CR1 寄存器的说明，如图 4-29 所示，可以发现这两个寄存器负责在特定的情况下，产生 USART 中断。

25.6.4   控制寄存器 1(USART_CR1)

地址偏移：0x0C
复位值：0x0000

31	30	29	28	27	26	25	24	23	22	21	20	19	18	17	16
保留															

15	14	13	12	11	10	9	8	7	6	5	4	3	2	1	0
保留	UE	M	WAKE	PCE	PS	PEIE	TXEIE	TCIE	RXNE IE	IDLE IE	TE	RE	RWU	SBK
res	rw	rw	rw	rw	rw	rw	rw	rw	rw	rw	rw	rw	rw	rw

位8	**PEIE**：PE中断使能 (PE interrupt enable) 该位由软件设置或清除。 0：禁止产生中断； 1：当USART_SR中的PE为'1'时，产生USART中断。
位5	**RXNEIE**：接收缓冲区非空中断使能 (RXNE interrupt enable) 该位由软件设置或清除。 0：禁止产生中断； 1：当USART_SR中的ORE或者RXNE为'1'时，产生USART中断。

图 4-29   USART_CR1 说明

实战强化

（1）自定义通信协议，重新实现通过串口控制 LED 的功能。

（2）虽然将 LED 对应的引脚配置为了输出模式，但是仍然可以读取引脚的电平。自定义一条协议，用于读取 LED 对应引脚的电平，效果如图 4-30 所示。

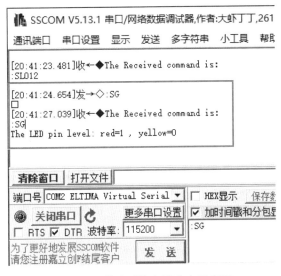

图 4-30　获取引脚电平命令示意图

项目小结

了解并行、串行、单工、半双工、双工、同步、异步这几个概念。

知道 UART、SPI、IIC 的特点与相互间的区别。

单片机领域的串口通常指的是通用异步收发器，英文简写为 UART。

"115200-8N1"代表波特率是 115 200，8 个数据位，没有校验位，1 个停止位。

串口波形起始位是低电平，结束位是高电平，数据位低位在前。能用示波器观察串口通信的波形。

同一个引脚可以对应多个功能，这是引脚复用；同一个功能也可以对应多个引脚，这是重映射。

串口 1 对应的引脚，T、R 分别对应 PA9、PA10，或者 PB6、PB7。

掌握函数 HAL_UART_Transmit（UART_HandleTypeDef ＊huart，uint8_t ＊pData，uint16_t Size，uint32_t Timeout）各参数的含义。

字符 0 的 ASCII 码为 0x30，想由字符 1 得到数字 1，可以减去'0'或者 0x30。

字母 A 对应的 ASCII 码是 0x41，想由大写字母 A 得到小写字母 a，可以加上 32。

单片机串口收到数据可以触发中断，最终调用 HAL_UART_RxCpltCallback 函数。

如果想循环接收串口数据，必须在处理完中断以后，再次开启串口接收中断。

理解前后台编程模式，中断服务函数称为前台，main 函数里面的无限循环称为后台，前台用于响应事件，后台用于处理事件。

　　ISR 指的是中断服务程序，它没有返回值，不能传递参数，也不应当执行比较浪费时间的操作。

　　帧是数据传输的一种单位。一帧数据由多个字符组合而成，不同的字段的字符代表不同的含义，执行不同的功能。

　　了解变量与函数的命名规则。

　　了解串口应声虫程序的设计思路。

电子秒表的设计

项目概述

本项目将使用单片机实现电子秒表的功能，能够秒级计时，支持暂停按键。精确的计时离不开定时器。定时器是单片机的重要组成部分，可用于计数或者计时。定时器常常作为"闹钟"来使用，正确设置定时器的参数，能够实现在一段时间后触发中断。相比于延时函数，定时器计算的时间很精准，且不阻塞程序。本项目首先用定时器计时 1 s，让 LED 精确地闪烁，学习定时器的基本用法。然后把它作为计数器，计算某个引脚收到了几个脉冲信号，并且通过状态机的思路再学习一种检测按键的方法。最后使用定时器做一个简单的秒表，通过串口打印时间。

学习目标

序　号	知 识 目 标	技 能 目 标
1	了解 STM32 的时钟系统，知道某个定时器挂在哪个总线下，以及总线的频率	能够使用 STM32CubeMX 配置时钟，并开启定时器，使能中断
2	熟练掌握定时器溢出时间的计算，熟悉自动重装值、分频系数等参数的含义	能够根据需求，快速计算出正确的 ARR 与 PSC 值，并确保参数不超范围
3	熟练掌握定时器中断的处理逻辑，并根据之前学习的中断处理流程举一反三	能够对 HAL 库中断处理流程归纳总结，并熟练应用定时器的中断服务程序
4	了解状态机的概念，知道如何使用状态机读取按键信息的思路	能够编写代码，使用状态机+前后台非阻塞获取按键信息
5	了解定时器捕获脉冲信号的思路，知道定时器使用外部时钟源和内部时钟源的区别	能够使用 STM32CubeMX 配置定时器用于捕获脉冲信号，并且知道如何获取计数值

任务 5.1　使用定时器定时 1 s

任务分析

使用定时器实现电子秒表的前提，是能够准确地计算定时器触发中断的时间。定时器要触发中断，当然要弄清楚定时器中断的处理逻辑。本任务用定时器精确控制时间，每 1 s 作为一个周期，用 LED 闪烁作为指示。

知识准备

5.1.1　STM32F103 的时钟系统

定时器计时依赖于系统时钟、分频系数、自动重装值等参数，经过约定的时间后，定时器将产生更新中断（update interrupt），也称溢出中断。首先要了解 STM32 单片机的时钟系统，知道某个定时器挂在哪个总线上，以及这个总线的时钟。STM32F103 的时钟系统比较复杂，如表 5-1 所示。

表 5-1　STM32F103 时钟系统简介

时钟	含　义	特　点
HSE	外部高速时钟信号 High Speed External Clock Signal	一般选择外接晶振，是最常用的时钟信号；常常外接 8 MHz、12 MHz 晶振
HSI	内部高速时钟信号 High Speed Internal Clock Signal	由单片机内部的 16 MHz RC 振荡器生成，成本低，精度低；默认的系统时钟，只在对时钟精度要求不高的场合使用
PLL	锁相环 Phase Locked Loop	由 HSE 或 HSI 提供时钟信号，主要用于生成高速系统时钟，最高 72 MHz
LSE	外部低速时钟信号 Low Speed External Clock Signal	外接的 32.768 kHz 晶振，用于驱动 RTC 时钟。RTC 可以提供时钟、日历功能，功耗低，精度高
LSI	内部低速时钟信号 Low Speed Internal Clock Signal	32 kHz 左右，功耗低，可在停机、待机状态下运行，供看门狗和自动唤醒单元使用

H 表示高，L 表示低，I 表示内，E 表示外。一般情况下，都会用外部高速时钟信号接晶振，把 PLL 设置为 72 MHz。72 MHz 是 STM32F103 单片机的最高速时钟。并不是所有的外设都要使用高速的时钟，因为时钟速度越快，功耗就越高，抗电磁干扰能力越弱。

在中文参考手册 6.2 节，有关于时钟系统的说明，也配备了时钟配置操作示意图（时钟树图），但不如 STM32CubeMX 中的图直观。如图 5-1 所示，LSE（见①）为 RTC（实时时钟）提供时钟源；LSI（见②）为 RTC 或 IWDG（看门狗）提供时钟源；HSI（见③）可

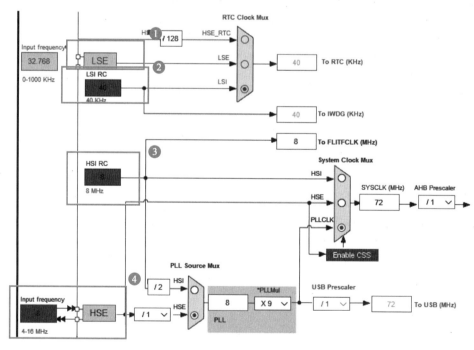

图 5-1　STM32CubeMX 中的时钟配置操作示意图

以为系统时钟提供时钟源，但是精度不高，本项目未启用；HSE（见④）通过配置特定的乘除系数，提供了 72 MHz 的系统时钟。

不同的总线有不同的频率，不同的片内外设挂在不同的总线下，外设与总线的对应关系可以查看数据手册。STM32F103 的定时器 1 和 8 挂在 APB2 总线下，定时器 2~7 挂在 APB1 总线下。STM32F103C8T6 单片机只有定时器 1、2、3、4 这 4 个定时器。从图 5-2 可以看出，APB1 外设时钟总线时钟是 36 MHz（见①），但是 APB1 为定时器提供的时钟是 72 MHz（见②）；APB2 外设时钟总线与定时器时钟都是 72 MHz。即当前配置的所有定时器的时钟都是 72 MHz。

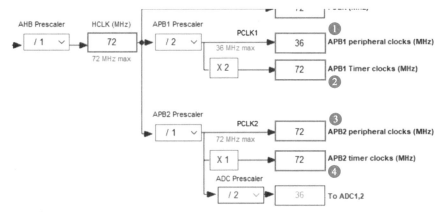

图 5-2 APB1 与 APB2 定时器时钟操作示意图

5.1.2 STM32 定时器简介

假设有一个水杯，用 100 滴水能够装满。杯子里已经有 60 滴水了，那么还需要多少滴水能够装满？如果每秒滴入 1 滴水，那么需要多长时间能够装满？

还需要 40 滴水、40 s 的时间能够将其装满，第 41 滴水将会溢出。这个例子说明，如果某个信号的周期固定，可以用计数的方法完成计时。这就是定时器的工作原理。定时器本质上是个计数器，可以对脉冲信号进行计数。一般情况下脉冲信号周期是固定的，脉冲信号来自 APB 时钟，知道信号周期后，定时器就可以完成计时的工作。

在水滴的例子中，40 是计数值，60 是初值，100 是溢出值，1 s 是时钟周期，时钟频率是时钟周期的倒数。可分析出计算定时时间的公式：

$$定时时间＝计数值×时钟周期$$

或

$$定时时间＝计数值/时钟频率$$

STM32 定时器家族庞大，按照定时器的位置可以分为外设定时器和内核定时器。外设定时器按照功能可以分为常规定时器和专用定时器。常规定时器按照性能又分为高级定时器、通用定时器和基本定时器，如图 5-3 所示。

本项目主要介绍常规定时器。其中基本定时器常用作时基，实现基本的定时、计数功能。通用定时器具备多路独立的捕获和比较通道，能够完成定时/计数、输入捕获、输出比较等功能。高级定时器除了具备通用定时器的功能外，还具备带死区控制的互补信号输出、紧急刹车关断输入等功能，可以用于电机控制和数字电源设计。常规定时器的分类与功能如图 5-4 所示。

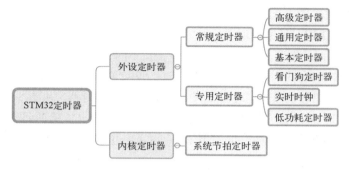

图 5-3　STM32 定时器分类

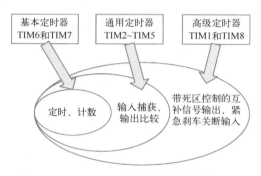

图 5-4　STM32F103 常规定时器分类与功能

STM32F103 的 TIM1 和 TIM8 是高级定时器，TIM2～TIM5 是通用定时器，TIM6 和 TIM7 是基本定时器。

5.1.3　溢出时间的计算

计算溢出时间是使用定时器的基础。STM32F103 定时器的计数值储存在 1 个 16 位的寄存器中，所以计数值最大是 65 535。这个数值不够大，很容易超出。

以 TIM3 为例，它的时钟是 72 MHz，即 TIM3 的计数器每次执行 +1 操作用时 (1/72 000 000) s，它数完 65 535 个数字只需要 0.91 ms。这个时钟太快了，一般要进行分频，把分频后的计数时钟提供给计数模块，如图 5-5 所示。例如进行 1 000 分频，则代表预分频模块每收到 1 000 个时钟信号，提供给计数模块 1 个时钟信号，计数模块每次执行+1 操作用时为 (1/72 000) s。此时如果想得到 1 ms，可以让定时器从 0 数到 71，则共计用时 72×1/72 000 s = (1/1 000) s。

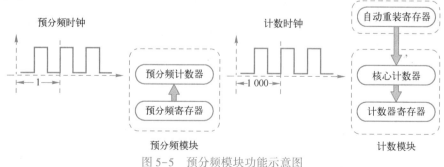

图 5-5　预分频模块功能示意图

上述例子中，72 MHz 被称为输入时钟，1 000 被称为分频系数（prescaler，PSC），分频系数扩大了定时器的定时范围；从 0 数到 71，这个 71 位于自动重装寄存器（auto-reload register，ARR）。ARR 里边存放的是自动重装值，也称计数周期（counter period）。如果设置 ARR 初值为 0，向上计数，那么自动重装值就等于计数值。STM32 中为了避免自动重装值与分频系数被设置为 0 导致错误，默认 ARR 与 PSC 自动加 1。定时器溢出的时间（Tout）可以用以下公式计算：

$$溢出时间 = [（自动重装值 + 1）×（分频系数 + 1）] / 输入时钟频率$$

小提示：

这个公式不用死记硬背，输入时钟频率/（分频系数 + 1），等于计数模块使用的时钟频率，这个时钟频率的倒数就是数 1 个数字用的时间，数"自动重装值 + 1"个数字用的时间，就是溢出时间。

也可借助捉迷藏的游戏来理解定时器：负责捉人的小朋友，他要计数，好让大家有时间躲起来。分频系数决定数数字的快慢，自动重装值决定数到几。按照一定的速度数到约定的数字后，相当于定时器溢出，开始捉人，如图 5-6 所示。

图 5-6　捉迷藏与定时器

注意，对于 16 位的定时器来说，自动重装值与分频系数都放在 16 位的寄存器中，所以其取值范围是 [0, 65 535]。有个别型号单片机的定时器使用 32 位寄存器。如果时钟是 72 MHz 的定时器，常常把 PSC 设置为 7 199，那么溢出时间就是（ARR + 1）/10，单位为毫秒（ms），以方便计算。比如需要 500 ms 溢出时间，可以设置 PSC = 7 199，ARR = 4 999。不能设置 PSC = 71 999，ARR = 499，因为 71 999 > 65 535，超过了分频系数寄存器的范围。

5.1.4　定时器中断的处理逻辑

与串口中断处理机制类似，定时器发生溢出中断后，也会根据中断向量表，跳转到名为

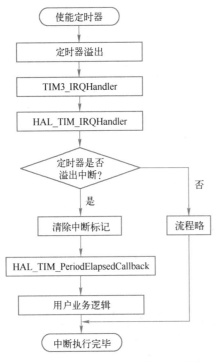

图 5-7　定时器溢出中断处理流程图

XXX_IRQHandler 的函数中。只要 TIM3 发生了中断，就会有硬件调用函数 TIM3_IRQHandler，此函数内调用了 HAL 库的中断处理函数 HAL_TIM_IRQHandler。如果是溢出中断（定时器的中断不止一种），会清除溢出中断标记，调用回调函数 HAL_TIM_PeriodElapsedCallback。回调函数由用户根据业务逻辑重写。定时器溢出中断的处理流程如图 5-7 所示。

采用这种方法，能够把所有定时器的溢出中断，都放在 HAL_TIM_PeriodElapsedCallback 函数中来处理，只需根据参数判断是哪个中断溢出即可。

与串口中断不同的是，定时器溢出中断以后，并不会自动关闭定时器中断。回忆先前设置的计数周期，也称自动重装值，（在向上计数的模式中）一旦自加的计数值等于自动重装值，便再次从 0 开始自加，因此定时器周而复始执行。

任务实施

1. 使用 STM32CubeMX 配置 TIM3

开启 TIM3

打开 STM32CubeMX 软件，如图 5-8 所示设置时钟。

（1）在 Pinout & Configuration 页面下选择 Timers（定时器）（见①）；

（2）选择 TIM3 选项（见②），界面右边会显示相应的 TIM3 Mode and Configuration（TIM3 模式和设置）区域；

（3）勾选 Internal Clock（内部时钟）选项（见③），代表启用定时器，时钟源来自内部，即定时器时钟为 72 MHz。

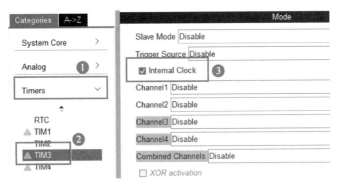

图 5-8　设置定时器时钟源操作示意图

（4）在下方的 configuration 窗口中，设定溢出时间为 500 ms，PSC = 7 199，ARR = 4 999，其余参数保持默认配置，使用递增模式，内部时钟不分频，不使用自动重装值预加载功能，如图 5-9 所示。

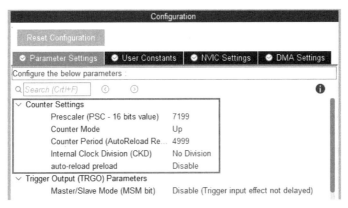

图 5-9　设置 500 ms 溢出时间操作示意图

使能 TIM3 全局中断

TIM3 有不止一个中断，此处使用的是全局中断。注意，使能全局中断，不代表开启定时器。应该编写代码在需要开始计时的时候，开启定时器。操作如图 5-10 所示，找到 NVIC 控制器（见①与②），开启 TIM3 的全局中断，并赋予优先级（见③）。

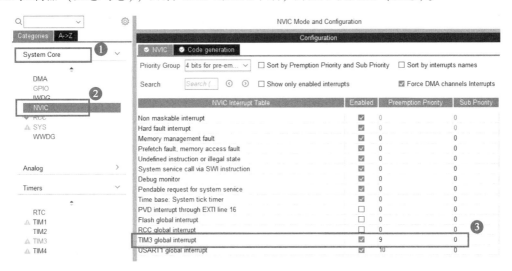

图 5-10　使能 TIM3 全局中断操作示意图

2. 定时器开启与中断服务

STM32CubeMX 自动生成了 TIM3 的初始化代码，如下所示（省略部分代码）。

```
1.  //main. c
2.  static void MX_TIM3_Init(void)
3.  {
4.      TIM_ClockConfigTypeDef sClockSourceConfig = {0};
```

```
5.      TIM_MasterConfigTypeDef sMasterConfig = {0};
6.      htim3. Instance = TIM3;
7.      htim3. Init. Prescaler =7199;
8.      htim3. Init. CounterMode = TIM_COUNTERMODE_UP;
9.      htim3. Init. Period =4999;
10.     if (HAL_TIM_Base_Init(&htim3) != HAL_OK)
11.     {
12.       Error_Handler();
13.     }
14.     /* USER CODE BEGIN TIM3_Init 2 */
15.     HAL_TIM_Base_Start_IT(&htim3);  //开启 TIM3 中断
16.     /* USER CODE END TIM3_Init 2 */
17.   }
```

可以看出，从第 6 行到 13 行，按照输入的参数设置了分频系数、计数周期等，并且使用函数 HAL_TIM_Base_Init 初始化了定时器。这个函数中有一对 USER CODE BEGIN AND END，预留了开启定时器代码的位置，第 15 行，手动添加函数 HAL_TIM_Base_Start_IT，开启 TIM3 中断。

建一个 Timer. c，重写定时器中断回调函数 HAL_TIM_PeriodElapsedCallback，如果判断是 TIM3 发生了溢出中断，就让红灯状态翻转。根据之前的参数设置，程序每隔 500 ms 调用一次 HAL_TIM_PeriodElapsedCallback 函数。记得在 main. h 中对 htim3 进行声明，方便 Timer. c 文件使用 htim3。由于要用到红灯，所以要包含 IO. h 头文件。

```
1.   #include"IO. h"
2.
3.   /**
4.     * @brief 定时器回调函数,定时器中断服务函数调用
5.     * @param 定时器中断序号
6.     * @retval None
7.     */
8.   void HAL_TIM_PeriodElapsedCallback(TIM_HandleTypeDef * htim)
9.   {
10.    if(htim==(&htim3))
11.    {
12.      LED_RED = !LED_RED;
13.    }
14.  }
```

主函数的死循环内无须任何代码。下载程序并观察现象，应该可以看到，红灯以 1 s 为周期亮灭，说明定时器中断服务函数顺利执行了。

3. 定时器中断第一次执行的时机

TIM3 每隔 500 ms 溢出一次，直观上感觉，TIM3 第一次进入中断的时机，应该是调用函数 HAL_TIM_Base_Start_IT 开启 TIM3 之后，再过 500 ms。事实却并非如此。接下来编写代

码，探索定时器中断第一次执行的时机。

如图 5-11 所示，打开 Timer.c 文件，在定时器中断服务中的红灯翻转代码前，打上断点 1（见①）；在 main.c 文件 MX_TIM3_Init() 函数中，开启 TIM3 中断后，增加翻转绿灯的代码，并打上断点 2（见②）。

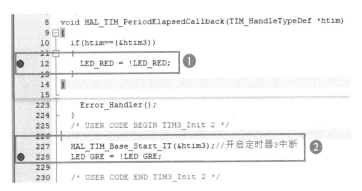

图 5-11　断点示意图

进入单步调试，然后全速运行程序。发现程序先停留在断点 1，继续运行，才会停在断点 2。这说明一旦开启 TIM3，就会立刻进入定时器的中断。即便开启 TIM3 后紧接着就操作绿灯，程序也是先到定时器的中断里操作红灯。

这是因为开启定时器中断以前，中断标志位默认表示有中断，只是等开启定时器以后，才会进入中断。这是 STM32 的一个特点（或者是 BUG？），在开启定时器之前，一般要清除掉中断标志位，可以使用宏定义 __HAL_TIM_CLEAR_FLAG(&htim3, TIM_FLAG_UPDATE)，位置在调用函数 HAL_TIM_Base_Start_IT 之前。

另外，在单步调试中，除非专门设置，否则定时器的计数器是不会停止的。

任务 5.2　使用定时器实现状态机

任务分析

学习定时器之后，利用定时器触发的周期性中断，在中断里判断引脚的电平状态，能够巧妙地进行按键消抖，且不阻塞程序。这种思路要用到按键的上一个状态，称为状态机。定时器的信号源可以来自内部时钟，也可以来自外部的脉冲信号。由于定时器本质是计数器，所以也能够对外部的脉冲信号进行计数。本任务用状态机的思路，再次获取按键输入，同时让定时器作为计数器，捕获外部的脉冲信号。

知识准备

5.2.1　状态机读取按键

状态机是一个抽象概念，表示把一个过程抽象为若干状态之间的切换，这些状态之间存在一定的联系。状态机设计主要包括以下 4 个要素。

① 现态：是指当前所处的状态。

② 条件：当一个条件满足，将会触发动作或者执行次态的迁移。

③ 动作：表示条件满足后执行动作。动作执行完毕后，可以迁移到新的状态，也可以仍旧保持原状态。动作要素不是必需的，当条件满足后也可以执行任何动作，直接迁移到新状态。

④ 次态：表示条件满足后要迁往的新状态。

使用状态机的编程思路，可以为按键设置以下 3 个状态。

① 按键检测状态：表示按键没有按下，循环检测的状态。

② 待确认状态：表示出现了电平变化，一般是按键按下了，也可能是干扰，即等待确认的状态。

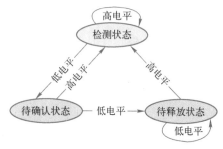

③ 待释放状态：表示确定按键按下了，等待按键释放的状态。

假设按键采用上拉输入，低电平表示按键按下，高电平表示按键释放，则 3 个状态的转换关系如图 5-12 所示。

图 5-12　按键状态机示意图

结合图 5-13 可以说明状态变换的过程。图中所有带数字的虚线箭头都表示定时读取按键状态，时间间隔为 10 ms，大致等于 1 次抖动的时间。

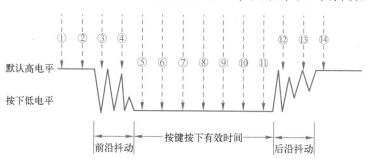

图 5-13　使用状态机的思路读取按键示意图

假设遇到了比较糟糕的情况，抖动时间很长，状态机代码的处理流程如下：

①② 读取到的都是高电平，是检测状态；

③ 读取到了低电平，进入待确认状态，此时属于前沿抖动；

④ 又变为高电平，回到检测状态；

⑤ 读取到低电平，重新进入待确认状态；

⑥ 再次读到低电平，进入待释放状态，此时可以确定已经按下了按键，可以进行按键的处理，随后都是待释放状态；

直到⑬，读取到了高电平，回到检测状态，一次按键处理完毕。

编写代码的思路如图 5-14 所示。

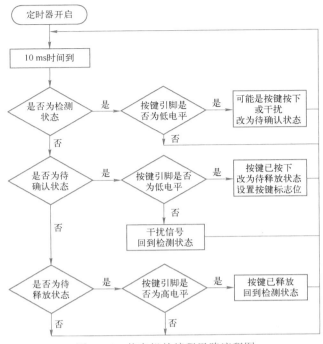

图 5-14　状态机的编程思路流程图

5.2.2　定时器捕获脉冲信号思路

定时器本质是个计数器，当输入脉冲为稳定的周期性信号时，才用作计时。如果输入的信号本身就是脉冲，使用定时器可以计算脉冲的个数。

用定时器捕获脉冲，首先要输出脉冲信号。定时器可以用一个引脚输出 PWM，与另一个引脚连接，作为输入的脉冲信号。PWM 的应用稍微复杂，将在下一个项目具体讲解。本节使用的脉冲信号源更加容易得到：1 次电平的反转，就可以作为 1 个脉冲信号。例如，将 PB0 与 PA12 连接。PB0 原先连接红色 LED，PA12 是定时器 1 的外部输入引脚。如果按键按下，PB0 输出 1 个持续 1 ms 的高电平，1 个持续 1 ms 的低电平，则定时器 1 感受到 1 个脉冲信号，计数值+1。由于轻触按键可能有抖动，不适合直接作为脉冲输入信号。

本任务使用状态机的思想来获取按键状态。用 TIM3 产生 10 ms 的定时器中断，读取按键引脚电平，获取按键状态。当确认按键按下以后，设置 1 个全局的标志位 KeyFlag。死循环中判断标志位，如果 KeyFlag 被置 1，就操作 PB0 发出脉冲信号，然后向串口打印 TIM1 的计数值。编程思路如图 5-15 所示。

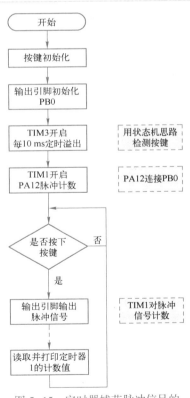

图 5-15　定时器捕获脉冲信号的
编程思路流程图

5.2.3　定时器相关的宏定义函数

在软件开发过程中，有一些常用的、简单的功能，既可以写成函数，也可以封装为宏定义。例如，比较两个数的大小，可以编写如下程序：

```
1.   //宏定义函数写法
2.   #define MAX(a,b) ((a)>(b)? (a):(b))
3.
4.   //函数调用写法
5.   int max(int a,int b)
6.   {
7.       return (a>b? a:b);
8.   }
```

两者功能相同，但原理不同。函数需要开辟一片栈空间，记录返回地址，将形参压栈，从函数返回还要释放堆栈。宏定义的原理是字符串替换。

相比而言，使用宏定义函数则在代码规模和速度方面都比普通函数更胜一筹；函数的参数必须被声明为一种特定的类型，所以它只能在类型合适的表达式上使用，如果已有了一个用于比较两个整型数字大小的函数，但是要比较两个浮点型数字的大小，就不得不再写一个专门针对浮点型的比较函数。反之，上面的那个宏定义可以用于整型、长整型、单浮点型、双浮点型以及其他任何可以用"＞"操作符比较值大小的类型，也就是说，宏是与类型无关的。和使用函数相比，使用宏的不利之处在于每次使用宏时，一份宏定义代码的拷贝都会插入到程序中。除非宏非常短，否则使用宏会大幅度增加程序的长度。此外，字符串的替换很容易带来优先级改变的问题。

使用宏定义 __HAL_TIM_GET_COUNTER 可以获取某个定时器的计数值。跳转到定义并追踪程序，可以看到 __HAL_TIM_GET_COUNTER 的参数是句柄，返回值（也就是替换列表）为此句柄的 Instance 结构体的 CNT 参数。Instance 为指向定时器结构体的指针，其中 CNT 参数的偏移地址是 0x24。

```
1.    /**
2.      * @ brief   Get the TIM Counter Register value on runtime.
3.      * @ param   __HANDLE__ TIM handle.
4.      * @ retval 16-bit or 32-bit value of the timer counter register (TIMx_CNT)
5.      */
6.    #define __HAL_TIM_GET_COUNTER(__HANDLE__)  ((__HANDLE__)->Instance->CNT)
7.
8.    TIM_TypeDef * Instance;/* !< Register base address */
9.
10.   typedef struct
11.   {
12.       __IO uint32_t CR1; /* !< TIM control register 1, Address offset: 0x00 */
13.       __IO uint32_t CR2; /* !< TIM control register 2, Address offset: 0x04 */
14.       __IO uint32_t SMCR;/* !< TIM slave Mode Control register, Address offset: 0x08 */
```

15. __IO uint32_t DIER;/ * ! < TIM DMA/interrupt enable register, Address offset: 0x0C */

16. __IO uint32_t SR; / * ! < TIM status register, Address offset: 0x10 */

17. __IO uint32_t EGR; / * ! < TIM event generation register, Address offset: 0x14 */

18. __IO uint32_t CCMR1;/ * ! < TIM capture/compare mode register 1, Address offset: 0x18 */

19. __IO uint32_t CCMR2;/ * ! < TIM capture/compare mode register 2, Address offset: 0x1C */

20. __IO uint32_t CCER;/ * ! < TIM capture/compare enable register, Address offset: 0x20 */

21. __IO uint32_t CNT; / * ! < TIM counter register, Address offset: 0x24 */

22. …………

23. __IO uint32_t OR; / * ! < TIM option register, Address offset: 0x50 */

24. }TIM_TypeDef;

25.

  查阅中文参考手册，在 14.4.10 节可以看到，某个定时器的计数器，其寄存器的偏移地址也是 0x24，如图 5-16 所示，与代码对应。由此可得出结论，__HAL_TIM_GET_COUNTER 的功能是传入某定时器的句柄，返回其计数器的值。

14.4.10 计数器(TIMx_CNT)

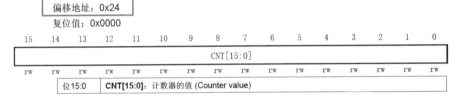

图 5-16 定时器的计数器的偏移地址说明

  宏定义函数用法与函数没有太大区别，有些是传入参数，返回某寄存器的值；有些是根据参数，修改某寄存器的值。HAL 库中与定时器相关的宏定义函数很多，常用的几个如表 5-2 所示，从宏定义的名称中可以看出其用法。

表 5-2 常用的定时器相关的宏定义函数

宏定义函数名称	功 能
__HAL_TIM_GET_FLAG	检查指定 TIM 的中断标志是否被设置
__HAL_TIM_CLEAR_FLAG	清除指定的 TIM 中断标志
__HAL_TIM_CLEAR_IT	清除 TIM 中断挂起位
__HAL_TIM_SET_PRESCALER	在运行时设置 TIM 分频系数
__HAL_TIM_SET_COUNTER	在运行时设置 TIM 计数器寄存器的值
__HAL_TIM_GET_COUNTER	在运行时获取 TIM 计数器寄存器的值
__HAL_TIM_SET_AUTORELOAD	在运行时设置 TIM 自动重载载寄存器的值，而不需要再次调用任何初始化函数
__HAL_TIM_GET_AUTORELOAD	在运行时获取 TIM 自动重装载寄存器的值
__HAL_TIM_SET_COMPARE	在运行时设置 TIM 捕获/比较寄存器的值，而不需要调用另外的时间配置通道函数
__HAL_TIM_GET_COMPARE	在运行时获取 TIM 捕获/比较寄存器的值

任务实施

1. 编写状态机代码

首先使用 STM32CubeMX 修改 TIM3 的自动重装值为 99，使 TIM3 产生 10 ms 的周期性溢出。如图 5-17 所示，在 STM32CubeMX 中找到 TIM3（见①与②），然后修改 Prescaler（预分频值）为 7 199，Counter Mode（计数模式）为 Up（向上计数），Counter Period（计数周期）为 99（见③）。

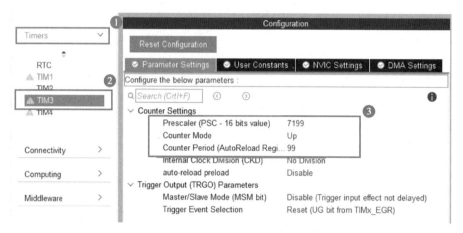

图 5-17　修改 TIM3 自动重装值操作示意图

确保按键 1 处于上拉输入状态，PB0 处于输出状态，如图 5-18 所示。

Pin N...	Signal o...	GPIO out...	GPIO m...	GPIO Pu...	Maximu...	User Label	Modified
PA0-WK...	n/a	n/a	Input mode	Pull-up	n/a	K3	☑
PA1	n/a	n/a	Input mode	Pull-up	n/a	K2	☑
PB0	n/a	Low	Output P...	No pull-u...	Low	LED_RED	☑
PB1	n/a	High	Output P...	No pull-u...	Low	LED_YEL	☑
PB6	n/a	Low	Output P...	No pull-u...	Low	LED_GRE	☑
PB7	n/a	n/a	Input mode	Pull-up	n/a	K1	☑

图 5-18　STM32CubeMX 中配置引脚操作示意图

在 main. c 文件中声明全局的按键状态变量和按键有效标志位，在 main. h 中定义按键的 3 个状态。

```
1.   //main. c
2.   / * USER CODE BEGIN PV * /
```

```
3.  unsigned char KeyState = KEY_CHEKC;     //按键状态变量,默认为检测状态
4.  unsigned char KeyFlag  = 0;              //按键有效标志,1 有效,0 无效
5.  / * USER CODE END PV * /
6.
7.  / * USER CODE BEGIN Private defines * /
8.  //按键状态机的状态定义
9.  #define KEY_CHEKC    0                    //按键检测状态
10. #define KEY_COMFIRM 1                     //待确认状态
11. #define KEY_RELEASE 2                     //待释放状态
12. / * USER CODE END Private defines * /
```

在 Timer. c 中,根据状态机的思路,改写定时器中断服务函数。

```
1.  //Timer. c
2.  extern unsigned char KeyState;           //按键状态变量,默认为检测状态
3.  extern unsigned char KeyFlag;            //按键有效标志,1 有效,0 无效
4.  void HAL_TIM_PeriodElapsedCallback(TIM_HandleTypeDef * htim)
5.  {
6.      if(htim == (&htim3))
7.      {
8.          switch(KeyState)                 //TIM3 每 10 ms 触发中断,检测按键
9.          {
10.             case KEY_CHEKC:
11.                 if(KEY1 == 0)             //读到低电平,进入待确认状态
12.                     KeyState = KEY_COMFIRM;
13.                 break;
14.             case KEY_COMFIRM:
15.                 if(KEY1 == 0)             //读到低电平,进入待释放状态
16.                 {
17.                     KeyState = KEY_RELEASE;
18.                     KeyFlag = 1;          //有效标志为 1,按下按键立即执行按键任务
19.                 }
20.                 else                      //读到高电平,说明是干扰信号,回到检测状态
21.                     KeyState = KEY_CHEKC;
22.                 break;
23.             case KEY_RELEASE:
24.                 if(KEY1 == 1)             //读到高电平,说明按键释放,回到检测状态
25.                     KeyState = KEY_CHEKC;
26.         }
27.     }
28. }
```

主函数的死循环相当于后台函数,如果检测到按键按下,就清除标志位,翻转红色 LED 的状态,作为指示灯。

```
1.   //main. c   main( )
2.     while (1)
3.     {
4.       if(KeyFlag)
5.       {
6.         KeyFlag =0;
7.         LED_RED = ! LED_RED;
8.       }
9.     }
```

·运行代码，按下按键，观察现象。

2. 定时器捕获脉冲信号

使用 STM32CubeMX 配置 TIM1

在 Pinout view 界面中，找到 PA12，将其引脚设置为 TIM1 的外部信号输入引脚，如图 5-19 所示，选择 TIM1_ETR。

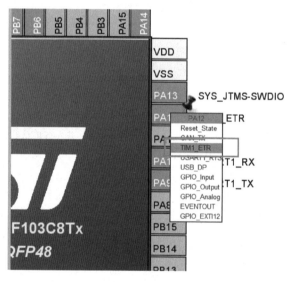

图 5-19　配置引脚 PA12 操作示意图

设置 TIM1 的时钟源为 ETR2，如图 5-20 所示，找到 TIM1 后（见①与②），界面右边会显示相应的 TIM1 Mode and Configuration 区域，在其 Clock Source 下拉菜单中，选择 ETR2，即时钟来自外部（见③）。

TIM1 的其他设置都保持默认。由于无须在 TIM1 的中断服务函数中执行操作，因此不用开启 TIM1 的中断，也不用在 NVIC 中设置优先级。完成上述操作后，生成代码。

修改 main. c 文件

在 main. c 文件中，生成了 TIM1 的初始化函数 MX_TIM1_Init( )。虽然不需要在 TIM1 的中断服务函数中执行操作，但是仍然需要开启 TIM1。使用函数 HAL_TIM_Base_Start( )或者 HAL_TIM_Base_Start_IT( )均可。

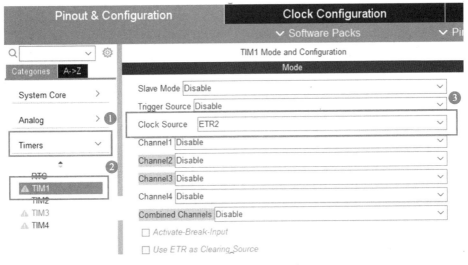

图 5-20　开启 TIM1 操作示意图

```
1.   //main. c
2.   static void MX_TIM1_Init( void)
3.   {
4.     / * USER CODE BEGIN TIM1_Init 2 * /
5.     //HAL_TIM_Base_Start_IT(&htim1);      //开启 TIM1 中断
6.     HAL_TIM_Base_Start(&htim1);           //开启 TIM1
7.     / * USER CODE END TIM1_Init 2 * /
8.   }
```

在主函数中，向串口打印一句指示，然后根据按键标志位，控制引脚翻转电平，向串口打印 TIM1 的计数值。注意代码要写在一对 USER CODE 之间。

```
1.   //main. c
2.   int main( void)
3.   {
4.     / * USER CODE BEGIN 2 * /
5.     printf("Press KEY1,and PA12 will count pulse! \n");
6.     / * USER CODE END 2 * /
7.
8.     / * USER CODE BEGIN WHILE * /
9.     while (1)
10.    {
11.      if(KeyFlag)
12.      {
13.        KeyFlag = 0;
14.        LED_RED = 1;
15.        HAL_Delay(1);
16.        LED_RED = 0;
```

```
17.        HAL_Delay(1);
18.        unsigned int result = __HAL_TIM_GET_COUNTER(&htim1);
19.        printf("Input pulse = %d. \n", result);
20.      }
21.      /* USER CODE END WHILE */
22.    }
23. }
```

观察任务现象

使用杜邦线连接 PB0 与 PA12。打开串口调试软件，运行程序。按下按键，应当可以看到 TIM1 捕获的脉冲数，如图 5-21 所示。

图 5-21　TIM1 捕获到了脉冲信号现象

任务 5.3　实现电子秒表

任务分析

本任务实现电子秒表的功能。秒表要随时控制启动和停止，因此要知道怎么开启和关闭定时器。在定时器的中断服务中，要进行时间刻度的递增与进位。由于没有配备屏幕，因此把秒表的时间打印到串口上。

知识准备

5.3.1　定时器秒表的设计思路

1. 秒表的预期功能

① 计时精度为百毫秒（0.1 s）。

② 通过串口打印当前时间。

③ 能够使用按键控制秒表的启动与停止。

2. 秒表的设计思路

使用 TIM1 产生 0.1 s 的溢出中断，在中断回调函数中，修改时分秒的值。定义 1 个结构体，包含分、秒、百毫秒 3 个成员变量。0.1 s 的溢出中断，要设置 PSC = 7 199，ARR = 999。

使用串口 1 打印数据，波特率设置为"115 200"。串口打印数据比较耗时，采用前后台的编程思路，前台是定时器的中断，设置打印的标志位。后台是主函数死循环，根据标志位判断是否需要打印新的时间。

按键的获取使用状态机。秒表可以设置"启动"与"停止"2 个状态，需要使用 1 个变量来记录这 2 个状态。启动定时器之前要清除溢出中断标志位。整体思路如图 5-22 所示。

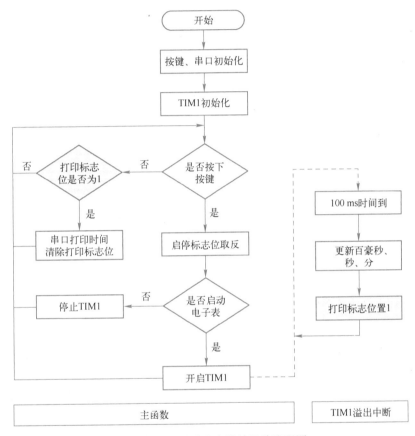

图 5-22　定时器秒表设计思路流程图

任务实施

1. 使用 STM32CubeMX 配置 TIM1

如果在任务 5.2 的代码上编写程序，要先取消 PA12 作为 TIM1 的时钟输入。选择定时器的时钟信号为内部时钟，设置 PSC = 7 199，ARR = 999，得到 100 ms 的溢出时间，如图 5-23 所示。

（1）找到 TIM1 选项（见①与②）；

（2）在 Mode 区域的 Clock Source 下拉菜单中，选择 Internal Clock（见③）；

（3）在 Configuration 区域的 Counter Settings 属性中，将 Prescaler 设置为 7 199，Counter

Mode 设置为 UP，Counter Period 设置为 999（见④）。

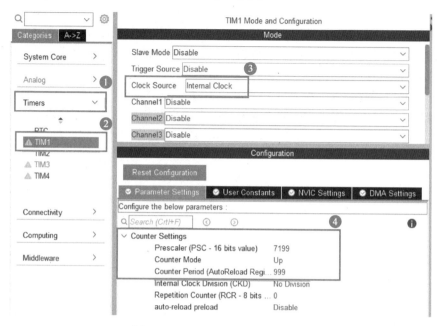

图 5-23　TIM1 的配置操作示意图

由于需要在 TIM1 的中断服务函数中让时间递增，所以需要在 NVIC 控制器中打开 TIM1 的中断。TIM1 是高级定时器，中断类型比较多，本任务只需要打开 TIM1 update interrupt，并分配优先级，如图 5-24 所示。找到 NVIC（见①与②），选择 TIM1 update interrupt，勾选使能，并分配优先级为 8（见③）。

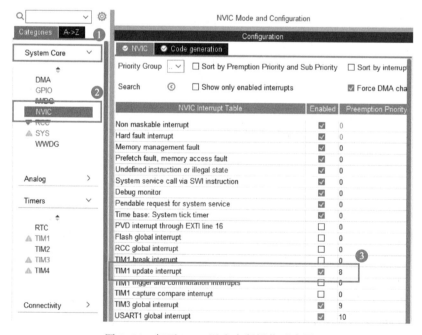

图 5-24　打开 TIM1 溢出中断操作示意图

确保按键处于输入状态、按键状态机的定时器正常工作，以及串口 1 的通信波特率是"115 200"。最后生成代码。

2. 编写秒表代码

新建结构体与变量

新建 Timer. h 文件，构建 1 个新的结构体类型 SW_TypeDef，用于保存秒表的 3 个时间变量。新建 1 个结构体变量 Clock，由于时间的变量要在 main. c 文件中使用，可以在 Timer. h 中做外部声明，然后让 main. c 包含 Timer. h。

```
1.   //Timer. c
2.   #include" Timer. h"
3.   SW_TypeDef Clock = {0};
4.
5.   //Timer. h
6.   typedef struct
7.   {
8.     unsigned char minute;
9.     unsigned char second;
10.    unsigned char ms100;            //百毫秒
11.   }SW_TypeDef;                     //stop watch 秒表结构体
12.
13.  extern SW_TypeDef Clock;
```

新建 2 个全局变量，用于表示启动/停止的状态，以及打印时间的标志位。然后在定时器的中断服务回调函数中，处理 TIM1 的溢出中断。

```
1.   //Timer. c
2.   unsigned char SW_Statue;          //秒表状态,启动或者停止
3.   unsigned char SW_Flag;            //秒表标志位,置1则打印时间
4.
5.   void HAL_TIM_PeriodElapsedCallback( TIM_HandleTypeDef * htim)
6.   {
7.     if( htim = = ( &htim1) )
8.     {
9.       Clock. ms100++;
10.      SW_Flag = 1;
11.      if( 10 = = Clock. ms100)
12.      {
13.        Clock. second++;
14.        Clock. ms100 = 0;
15.        if( 60 = = Clock. second)
16.        {
17.          Clock. minute++;
18.          Clock. second = 0;
```

```
19.          if(60 == Clock. minute)
20.            Clock. minute = 0;
21.        }
22.      }
23.    }
24. }
```

秒表显示功能测试

在 main. c 中，先编写一段测试代码，确认能够开启 TIM1，以及串口打印函数可用。让 TIM1 上电后就开始运行，根据秒表的标志位，决定是否需要通过串口打印时间。注意自行解决全局变量外部声明的问题。

```
1.  //main. c
2.  static void MX_TIM1_Init( void)
3.  {
4.    /* USER CODE BEGIN TIM1_Init 2 */
5.    __HAL_TIM_CLEAR_FLAG(&htim1,TIM_FLAG_UPDATE);
6.    HAL_TIM_Base_Start_IT(&htim1);          //开启 TIM1 中断
7.    /* USER CODE END TIM1_Init 2 */
8.  }
9.  //main( )
10.   while (1)
11.   {
12.     if( SW_Flag)
13.     {
14.       SW_Flag = 0;
15.       printf("Time:%02d:%02d:%d",Clock. minute,Clock. second,Clock. ms100);
16.     }
17.   }
```

上电后，单片机自动向串口打印时间数据，如图 5-25 所示。

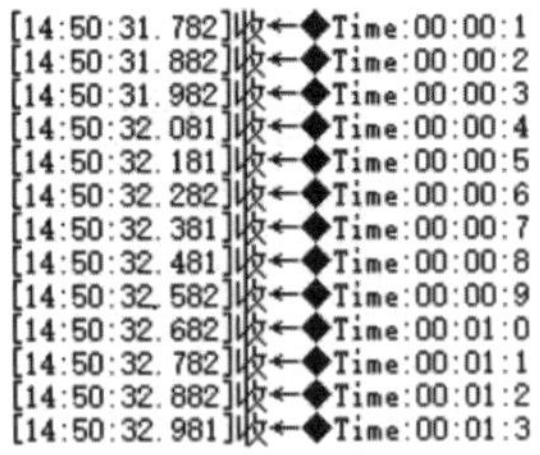

```
[14:50:31.782]收←◆Time:00:00:1
[14:50:31.882]收←◆Time:00:00:2
[14:50:31.982]收←◆Time:00:00:3
[14:50:32.081]收←◆Time:00:00:4
[14:50:32.181]收←◆Time:00:00:5
[14:50:32.282]收←◆Time:00:00:6
[14:50:32.381]收←◆Time:00:00:7
[14:50:32.481]收←◆Time:00:00:8
[14:50:32.582]收←◆Time:00:00:9
[14:50:32.682]收←◆Time:00:01:0
[14:50:32.782]收←◆Time:00:01:1
[14:50:32.882]收←◆Time:00:01:2
[14:50:32.981]收←◆Time:00:01:3
```

图 5-25　秒表显示功能测试

启停按键处理

在主函数的死循环中，根据按键标志，切换 SW_Statue 状态，并判断开启或者关闭 TIM1。要去掉原先开启 TIM1 中断的语句。增加若干提示语句，代码如下：

```
1.  //main. c
```

```
2.    int main( void)
3.    {
4.      /* USER CODE BEGIN 2 */
5.      printf("Press KEY1,start or stop the stopwatch! \n");
6.      /* USER CODE END 2 */
7.
8.      while (1)
9.      {
10.        if(KeyFlag)
11.        {
12.          KeyFlag =0;
13.          SW_Statue = ! SW_Statue;
14.          if(SW_Statue)
15.          {
16.            HAL_TIM_Base_Start_IT(&htim1);
17.            printf("Start \n");
18.          }
19.          else
20.          {
21.            HAL_TIM_Base_Stop_IT(&htim1);
22.            printf("Stop \n");
23.          }
24.        }
25.      }
26.    }
27.
28.  static void MX_TIM1_Init( void)
29.  {
30.      /* USER CODE BEGIN TIM1_Init 2 */
31.      __HAL_TIM_CLEAR_FLAG(&htim1,TIM_FLAG_UPDATE);
32.      //  HAL_TIM_Base_Start_IT(&htim1);  //开启 TIM1 中断
33.      /* USER CODE END TIM1_Init 2 */
34.  }
```

运行代码，观察现象，应当能够在串口调试软件中看到如图 5-26 所示的现象，说明实现了定时器秒表的功能。

```
[15:00:49.543]收←◆Press KEY1,start or stop the stopwatch!

[15:00:50.872]收←◆Start

[15:00:50.973]收←◆Time:00:00:1
[15:00:51.072]收←◆Time:00:00:2
[15:00:51.173]收←◆Time:00:00:3
[15:00:51.272]收←◆Time:00:00:4
[15:00:51.372]收←◆Time:00:00:5
[15:00:51.472]收←◆Time:00:00:6
[15:00:51.572]收←◆Time:00:00:7
[15:00:51.652]收←◆Stop
```

图 5-26　定时器秒表任务现象

实战强化

（1）移植状态机读取按键的程序，使其能够读取另一个按键的电平。思考，如何使用状态机读取多个按键的电平。

（2）为秒表增加按键，实现记录时间、重置秒表的功能。

项目小结

HSE、HSI、PLL、LSE、LSI 各自的含义。

STM32F103 的 TIM1 和 TIM8 是高级定时器，TIM2～TIM5 是通用定时器，TIM6 和 TIM7 是基本定时器。

溢出时间=[（自动重装值+1）×（分频系数+1）]/输入时钟。

对于 16 位定时器来说，自动重装值与分频系数都放在 16 位的寄存器中，所以其取值范围是[0,65535]。

如果时钟是 72 MHz 的定时器，把 PSC 设置为 7 199，那么溢出时间就是(ARR+1)/10，单位毫秒。

HAL 库所有定时器的溢出中断都调用 HAL_TIM_PeriodElapsedCallback 函数，通过参数来判断是哪个定时器溢出。

与串口中断不同的是，定时器溢出以后，并不会自动关闭定时器中断。

在 STM32CubeMX 中使能定时器中断，不代表开启了定时器中断，开启定时器要使用函数 HAL_TIM_Base_Start_IT(&htim3)；

在开启定时器之前，一般要清除掉中断标志位，否则开启定时器之后会立即进入定时器的中断服务。

可以使用宏定义__HAL_TIM_CLEAR_FLAG(&htim3,TIM_FLAG_UPDATE)，清除定时器的溢出中断标志位。

使用状态机思路时，按键三个状态的切换。

结合按键电平变化，描述状态机思路读取按键的过程。

定时器的本质是个计数器，如果时钟源是外部脉冲信号，可以用定时器计算脉冲信号的个数。

使用宏定义__HAL_TIM_GET_COUNTER(&htim1)可以读取定时器的计数值。

定时器秒表的思路，及其中断函数中时间刻度的递增与进位。

项目 6

电子音乐播放器

项目概述

本项目将实现电子音乐播放器的功能，控制无源蜂鸣器播放乐曲，按键切歌。不同的音符（Do，Re，Mi）有不同的频率，频率的倒数是周期，周期指重复事件发生的最小时间间隔，而定时器可以计时，因此定时器与音符也就结合了起来。乐谱记录了每个音符持续的时间，持续的时间也能用定时器来计时。电子音乐播放器，使用 1 个定时器输出特定频率，演奏音符，1 个定时器记录音符持续时间，实际上是 2 个定时器的综合应用。

学习目标

序　号	知 识 目 标	技 能 目 标
1	了解无源蜂鸣器的特点和工作原理	能够控制无源蜂鸣器发出不同的音调
2	熟练掌握定时器输出 PWM 各个参数的含义，知道预装载寄存器与影子寄存器的作用	能够使用 STM32CubeMX 配置 PWM 参数，并使用对应的 HAL 库函数或者宏定义修改参数的值
3	知道使用结构体数组储存乐谱的原理	能够把自己喜欢的歌曲转换为结构体数组
4	熟练掌握演奏单个音符、演奏乐曲、演奏背景音乐的逻辑	能够使用多个定时器配合，驱动无源蜂鸣器实现播放音乐的功能

任务 6.1　驱动无源蜂鸣器演奏音符

任务分析

本任务使用 1 个定时器输出脉宽调制（pulse width modulation，PWM）波形，控制无源蜂鸣器发出特定的音调。首先要了解蜂鸣器的工作原理，然后要深入了解 PWM 的关键参数，以及如何配置这些参数，灵活应用定时器输出频率与占空比均可调的波形，进而控制蜂鸣器发出不同的音调。在此过程中，还应当了解某个音调与频率的对应关系。最后，用蜂鸣器播放一小段《两只老虎》。

知识准备

6.1.1　无源蜂鸣器的工作原理

蜂鸣器按照有无振荡源（不是电源），可以分为有源蜂鸣器和无源蜂鸣器。有源蜂鸣器内部有振荡电路，上电就能工作，控制简单，但是只有一个音调。无源蜂鸣器需要单片机提供振荡源，虽然控制稍微复杂一点，但是可以发出不同频率与音量的声音。从外观上来看，两者很像，但还是有区别的。如图 6-1 所示，左侧是有源蜂鸣器，其底部是黑色的胶封，2个引脚长度不同，较长的引脚是正极。右侧是无源蜂鸣器，其底部是绿色电路板，且不需要区分正负极，因此两个引脚长度相同。

（a）　　　　　　　　　　　　　（b）

图 6-1　有源蜂鸣器与无源蜂鸣器

无源蜂鸣器的工作电流一般是几 mA 到几十 mA，STM32 单片机的引脚最大输出 8 mA 的电流，可以直接驱动配套电路板上的小功率无源蜂鸣器。如果无源蜂鸣器的功率较大，需要增加晶体管驱动电路。

无源蜂鸣器内部有压电材料，如果电压的大小变化，压电材料会产生机械变形，振动发声。如果持续给蜂鸣器施加高电平，压电材料维持变形，无法振动。所以需要施加低电平，释放压电材料，使形变恢复。因此驱动无源蜂鸣器，要用到周期性变化的脉冲信号。周期的倒数就是频率，音调与振动频率相关。改变驱动信号的频率，也就改变了蜂鸣器的音调。无源蜂鸣器还可以用高电平持续的时间调整音量，在一个周期中，高电平持续的时间越长，蜂鸣器声音越大；高电平持续的时间越短，蜂鸣器的声音越小，如图 6-2 所示。

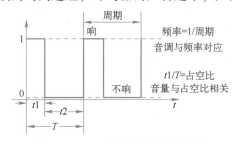

图 6-2　PWM 控制蜂鸣器示意图

调整无源蜂鸣器的频率与音量，要用到 PWM。PWM 是利用微处理器的数字输出来对模拟电路进行控制的一种非常有效的技术，广泛应用在从测量、通信到功率控制与变换的许多领域中。

6.1.2　定时器与 PWM

为了方便理解 PWM，我们想象一个场景：语文老师、数学老师和体育老师带着小高和小柯两个同学在玩游戏。语文老师说一个数字 ARR；数学老师负责从 0 数到 ARR，数到ARR 以后再从 0 开始，周而复始；体育老师负责说出一个数字 CCR，如果数学老师报的数字比 CCR 小，则小高要举手，否则小高把手放下；直到数学老师报的数跟 CCR 一样大，小高才把手放下，同时小柯举起手来。但是小柯要时刻注意，如果数到 ARR 时，就要做好准备放下手，因为接下来的数字是 0。

例如语文老师说的数字是 9，体育老师说的数字是 6，即 ARR = 9，CCR = 6，那么在一个游戏周期内，小高和小柯举手的情况如下：

数学老师	0	1	2	3	4	5	6	7	8	9
小高	举手	举手	举手	举手	举手	举手				
小柯							举手	举手	举手	举手

通过这个例子，我们来重新理解定时器的一些概念。

语文老师报的数字是 ARR = 9 就代表自动重装值，同时也代表计数周期。数学老师从 0 数到 9，他报的数字是计数值 CNT。9 就是最大周期，从 0 开始计数，一共数了 10 个数字。数字从小到大，就是向上计数的模式。

在向上计数模式中，计数器从 0 开始，递增计数到 ARR，然后产生一个向上溢出事件；在向下计数模式中，计数器从 ARR 开始，递减计数到 0，然后产生一个向下溢出事件。还有一种中央对齐模式，也称向上/向下计数，计数器从 0 开始计数到 ARR-1，产生一个向上溢出事件，然后向下计数到 1 并产生向下溢出事件，最后再从 0 开始重新计数。

本节需要引入一个新的参数：比较值。比较值储存在捕获/比较寄存器（capture/compare register，CCR）中。体育老师说的数字 6 就称为比较值，比较值除以自动重装值+1 的和，得到占空比，等于 6/10 = 60%。自动重装值、比较值与计数值对输出波形的影响如图 6-3 所示。

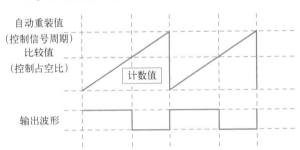

图 6-3　自动重装值、比较值与计数值对输出波形的影响

定时器计数值增长的速度取决于定时器的时钟 TIMxCLK。周期时间 Period 与占空比 Duty 的计算公式可以表示为：

$$Period = \frac{(ARR+1) \times (PSC+1)}{TIMxCLK}$$

$$Duty = \frac{CCR}{ARR+1} \times 100\%$$

在 PWM 模式 1 下，小高举手代表引脚输出高电平，小高举手时间占总时间的比例，等于占空比。小柯举手就是引脚输出低电平。PWM 模式 2 与 PWM 模式 1 逻辑相反。

回到用 PWM 驱动蜂鸣器的案例中，语文老师报的数字，决定了频率，也就决定了音高；数学老师数数字的速度由时钟和分频决定；体育老师报的数字，可以控制音量。小高举手，蜂鸣器发出声音，小柯举手，蜂鸣器不发出声音。小高与小柯是不是需要举手，无须用户写判断语句，STM32 定时器 PWM 模式可以自动判断计数值与比较值是否相等，并且在特定的引脚输出电平。

6.1.3　音名与频率

音高的名称是音名，音名与频率对应，比如 C 调低音的 Do 频率为 262 Hz，中音的 Do 频率为 523 Hz。音名与频率的对应关系如表 6-1 所示。

表 6-1　音名与频率的对应关系

音区	音名	频率 Hz	音名	频率 Hz	音名	频率 Hz	音名	频率 Hz
低音	CL1	262	DL1	294	EL1	330	FL1	349
	CL2	294	DL2	330	EL2	370	FL2	392
	CL3	330	DL3	370	EL3	415	FL3	440
	CL4	349	DL4	392	EL4	440	FL4	466
	CL5	392	DL5	440	EL5	494	FL5	523
	CL6	440	DL6	494	EL6	554	FL6	587
	CL7	494	DL7	554	EL7	622	FL7	659
中音	CM1	523	DM1	587	EM1	659	FM1	698
	CM2	587	DM2	659	EM2	740	FM2	784
	CM3	659	DM3	740	EM3	831	FM3	880
	CM4	698	DM4	784	EM4	880	FM4	932
	CM5	784	DM5	880	EM5	988	FM5	1047
	CM6	880	DM6	988	EM6	1109	FM6	1175
	CM7	988	DM7	1109	EM7	1245	FM7	1319
高音	CH1	1047	DH1	1175	EH1	1319	FH1	1397
	CH2	1175	DH2	1319	EH2	1480	FH2	1568
	CH3	1319	DH3	1480	EH3	1661	FH3	1760
	CH4	1397	DH4	1568	EH4	1760	FH4	1865
	CH5	1568	DH5	1760	EH5	1976		
	CH6	1760	DH6	1976				
	CH7	1976	DH7	2217				

除了已经被定义的音符以外，也常常播放休止符"0"，即不发出任何声音。将比较值设置为 0，让计数值与 0 比较，由于计数值始终大于 0，所以引脚电平始终为低，可以达到静音的目的。

6.1.4　演奏音符的思路

配套电路板中，蜂鸣器连接的引脚是 PA11，它对应的是 TIM1 的通道 4。TIM1 共有 4 个通道，与引脚的对应关系如表 6-2 所示。

表 6-2　TIM1 与引脚的对应关系

引　　脚	通　　道	其他主要功能
PA8	TIM1_CH1	USART1_CK
PA9	TIM1_CH2	USART1_TX

引　脚	通　道	其他主要功能
PA10	TIM1_CH3	USART1_RX
PA11	TIM1_CH4	USART1_CTS/USBDM/CAN_ RX

TIM1 使用 72 MHz 的时钟，这个时钟太快了，如果想用 72 MHz 的时钟，得到 CL1（262 Hz）的频率，那么要求计数值为 72 000 000/262 = 274 809，274 809>65 535，超过了 16 位寄存器的存储范围。

设置时钟为 12 MHz，可知溢出时间 Tout 与自动重装值 Autoreload 的关系如（式 1）。频率（Frequency）是时间的倒数（式 2），稍加推导得式 3。音名与频率有关，知道音名（频率）以后，可用式 3 计算自动重装值：

$$Tout = \frac{Autoreload+1}{12\ 000\ 000} \tag{式 1}$$

$$Tout = \frac{1}{Frequency} \tag{式 2}$$

$$Autoreload = \frac{12\ 000\ 000}{Frequency} - 1 \tag{式 3}$$

比较值决定音量，它总是小于自动重装值，可以设定为自动重装值的几分之一。本项目把自动重装值右移几位作为比较值，运算更快一些。每右移 1 位，相当于除以 2。因为实测只有 10% 的占空比，蜂鸣器音量还是很大。

演奏音乐的前提是能够演奏一个音符。首先要编写一个函数 BeepPlay，能够根据音名与音量，设置定时器的自动重装值与比较值。思路如图 6-4 所示。

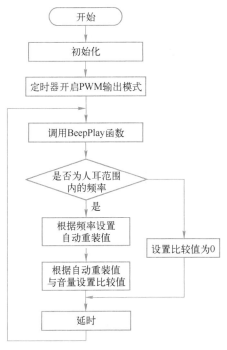

图 6-4　定时器演奏音符思路流程图

注意，调用 BeepPlay 函数 1 次，蜂鸣器发出 1 个音调，这个音调是循环播放的，除非再次调用函数更改为别的音调或者播放休止符。

可想而知，演奏乐曲的过程中每播放一个音符，都会修改自动重装值。假如把自动重装值改得比当时的计数值要小，就可能出现问题。下面仍然以小高与小柯的举手游戏来举例说明。

假如数学老师用一个 6 位的寄存器存储计数值，那么他最大只数到 63。语文老师报的数字（自动重装值）先前是 9，但是在数学老师数到 8 的时候，语文老师报的数字改成了 5，也就是说数学老师报数错过了与 5 相等的瞬间，那么数学老师就不得不数到 63，然后再从 0 开始。当数学老师第二轮数到 5 的时候，才能达成和语文老师报的数相等的条件。

小提示：

CNT 与 ARR 或 CCR 的比较，都是比较是否相等，而不是大小。如果错过了相等的时机，CNT 会数到最大值。就像在单向的环线上坐地铁，由于没有反方向的列车，如果坐过站了就不能下车，要再转一圈。

对于定时器，如果 ARR 突然被改得比 CNT 小的时候，则 CNT 不得不数到最大值。最大值取决于寄存器的长度，一般是 $2^{16}-1$ 或 $2^{32}-1$。CNT 从超过当前 ARR 到最大值的过程，这段时间是计划之外的，它不播放任何声音，应当改进。

通过程序来修改 ARR/CRR 的值的时候，必须要谨慎。有两种思路可以避免 CNT>ARR 的错误。第 1 种思路，在每次修改完 ARR 以后，都把 CNT 清零；第 2 种思路，改完 ARR 以后，本回合，CNT 仍然数到之前的 ARR，在下一回合修改的 ARR 才会生效。本节先使用第 1 种思路。在每一次设置 ARR 之后，都用 __HAL_TIM_SET_COUNTER 的函数把计数值清零。

任务实施

1. 使用 STM32CubeMX 配置 PWM

配置 PA11 为 TIM1 的通道 4（TIM_CH4），如图 6-5 所示。

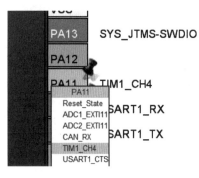

图 6-5　配置 TIM1_CH4 的
引脚操作示意图

定时器参数配置如图 6-6 所示。

（1）配置 TIM1 的时钟为内部时钟（见①，②，③）；

（2）在 Channel4 下拉菜单中选择 PWM Generation CH4，即生成 PWM 的通道 4（见④）；

（3）在 Configuration 区域的 Counter Settings 属性中，将 Prescaler 设置为"5"，Counter Mode 设置为"UP"，Counter Period 设置为"65535"。Repetition Counter（周期计数器）设置为"0"，auto-reload preload（自动重装预装载）设置为"Disable"（见⑤）。PWM 的模式默认为模式 1。

TIM1 使用 PWM 模式，计数值与比较值的对比都是自动的，所以不需要在定时器的中断里执行操作，因此也无须在 NVIC 中设置中断的优先级。完成以上操作后生成代码。

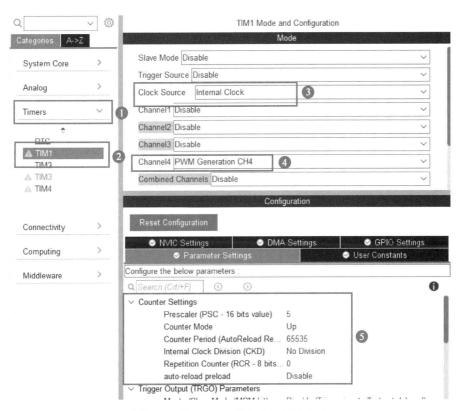

图 6-6 设置 TIM1 的参数操作示意图

2. PWM 驱动蜂鸣器播放音乐

新建 Beep. c 与 Beep. h 文件并添加到工程中。把频率与音符名称通过宏定义关联，放到 Beep. h 文件中。

在 Beep. c 文件中编写函数 BeepPlay，传入音名与音量 2 个参数，设置 TIM1 的自动重装值与比较值。修改自动重装值与比较值可以使用 HAL 库提供的宏：__HAL_TIM_SET_AU-TORELOAD 与 __HAL_TIM_SET_COMPARE。

```
1.    / * *
2.     * @ brief 根据音名与音量让蜂鸣器发出声音
3.     * @ param 音名,音量
4.     * @ note 音量建议范围 1~10,1 是最大,10 几乎听不清了
5.     * @ retval None
6.     * /
7.    void BeepPlay(unsigned short tone,unsigned char volumeLevel)
8.    {
9.      unsigned short autoReload;
10.     if((tone<CL1)||(tone>20000))            //太低与太高的频率都当做无声
11.     {
12.       //比较值设置为0,静音
13.       __HAL_TIM_SET_COMPARE(&htim1,TIM_CHANNEL_4,0);
```

```
14.        __HAL_TIM_SET_COUNTER(&htim1,0);
15.    }
16.    else
17.    {
18.        //根据频率计算自动重装值
19.        autoReload=(BEEP_TIM_CLOCK/tone)-1;
20.        //设置自动重装值
21.        __HAL_TIM_SET_AUTORELOAD(&htim1,autoReload);
22.        //将自动重装值右移,成倍变小,作为比较值
23.        __HAL_TIM_SET_COMPARE(&htim1,TIM_CHANNEL_4,autoReload>>volumeLevel);
24.        //在不使用缓冲的情况下,必须把计数值清零
25.        __HAL_TIM_SET_COUNTER(&htim1,0);
26.    }
27. }
```

修改 TIM1 的初始化函数,开启定时器的 PWM 功能。在主函数中判断按键状态,如果按键按下,则播放"哆来咪哆"这几个音符。

```
1.  //main. c main( )
2.  while (1)
3.  {
4.      if(KeyFlag)
5.      {
6.          KeyFlag =0;
7.          char volumeLevel = 8;
8.          BeepPlay(CM1,volumeLevel);
9.          HAL_Delay(200);
10.         BeepPlay(CM2,volumeLevel);
11.         HAL_Delay(200);
12.         BeepPlay(CM3,volumeLevel);
13.         HAL_Delay(200);
14.         BeepPlay(CM1,volumeLevel);
15.         HAL_Delay(200);
16.         BeepPlay(0,4);
17.         HAL_Delay(200);
18.     }
19. }
20.
21. static void MX_TIM1_Init(void)
22. {
23.    /* USER CODE BEGIN TIM1_Init 2 */
24.    HAL_TIM_PWM_Start(&htim1,TIM_CHANNEL_4);
25.    /* USER CODE END TIM1_Init 2 */
26. }
```

编写代码，下载程序，观察现象。

作业

图 6-7 所示为《两只老虎》的简谱，它标记了每一个音符及持续的时间。根据这个简谱，编写代码，演奏完整的乐曲。

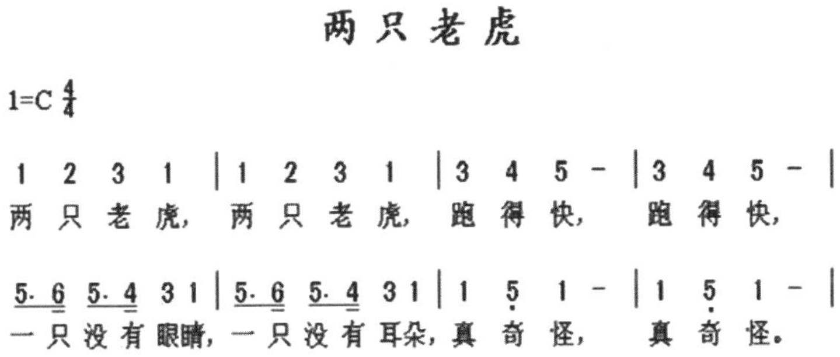

图 6-7 《两只老虎》的简谱

任务6.2 简易音乐播放器

任务分析

上一节的作业已经能够演奏完整的乐曲，但是程序看上去很臃肿，大约需要复制粘贴 100 行，毫无美感，程序的扩展性也极差。能否使用一种数据结构存储乐谱，并且只用一个函数，就实现播放音乐呢？另外，也遗留了一个问题，如何用第 2 种思路，避免出现 CNT>ARR 的错误呢？STM32 的影子寄存器是什么？这些问题将在本任务得到答案。

知识准备

6.2.1 定时器的预装载寄存器

避免 CNT>ARR 的第 2 种思路可以应用 STM32 自带的一个机制——预装载寄存器。在 STM32 的定时器中，TIMx_PSC、TIMx_ARR 两个寄存器加上捕捉比较模块中 TIMx_CCR 寄存器，三者都可以动态修改。不过它们的修改和生效可能不在同一个时刻，或者说，修改过后立即生效的话可能会带来潜在问题，需要引入预装载寄存器及影子寄存器的概念。如图 6-8 所示，自动重装载寄存器、PSC 预分频器与捕获/比较寄存器下方有阴影，被称为影子寄存器。真正起作用的是影子寄存器。

影子寄存器不建议用户直接读取或修改，用户只能操作预装载寄存器，预装载寄存器有缓冲的作用。以 ARR 为例，预装载寄存器的内容既可以直接传送到影子寄存器，也可以在每次发生更新事件（update event，UEV）时传送到影子寄存器，这取决于 TIMx_CR1 寄存器中的自动重装预装载使能位（auto-reload preload enable，ARPE）。用户修改或者读取 ARR 寄存器，其实操作的都是 ARR 的预装载寄存器。如果不使能 ARPE，则 ARR 寄存器不进行缓冲，相当于不使用预装载寄存器，看上去像是直接操作了影子寄存器。ARPE 的说明在中

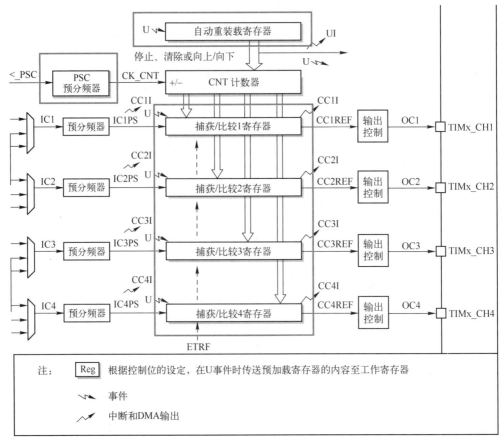

图 6-8　数据手册中的影子寄存器说明

文参考手册中的 15.4.1 节，默认没有缓冲，如图 6-9 所示。

15.4.1　TIM6 和TIM7 控制寄存器 1(TIMx_CR1)

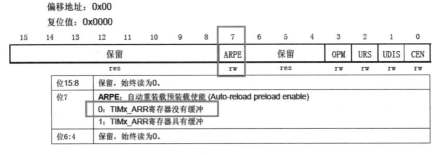

图 6-9　ARPE 的功能说明

　　如果启用了影子寄存器的预装载功能，只有发生更新事件（update event，UEV）的时候，才会把操作更新给影子寄存器。用户修改 ARR 的值，由于 ARR 的预装载寄存器有缓冲功能，实际发挥作用的影子寄存器的值没有立即更新。什么时候会发生更新事件 UEV 呢？通常在 CNT 等于 ARR 或 CCR 的时候，即中断溢出或输出状态翻转时。

　　分频系数 PSC 必须使能预装载寄存器，捕获/比较寄存器的预装载寄存器由 OCxPE

（output compare x preload enable，输出比较 x 预装载使能）控制，如图 6-10 所示。

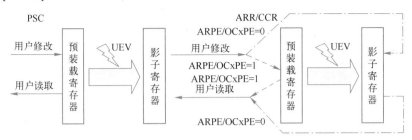

图 6-10　预装载寄存器与影子寄存器关系图

小提示：

从逻辑上来讲，使用影子寄存器更符合常理。就像平时默认 8：20 上课，班长不能在 8 点的时候，通知同学们上课时间已经改为 7 点，1 个小时前就上课了，但是可以在今天 8 点通知，以后改为 7 点上课，明天开始生效。

6.2.2　结构体数组存储乐曲

如果想用蜂鸣器演奏乐曲，需要知道每个音符的音调，以及持续的时间。首先定义时间常数，来决定演奏速度。这个值需要调试，欢快的歌曲时间常数小一点。

```
1.   //定义时值单位,决定演奏的速度,每拍音符持续多少 ms
2.   #define S1   240
3.   #define S2   360
4.   #define S3   600
5.   #define S4   800
6.   #define S5   1000
7.   #define S6   1200
8.   #define S7   1600
9.   #define S8   2000
10.  #define S9   2400
11.  #define S10 2800
```

定义一个新的结构体 Note_TypeDef，包含音名和时间 2 个参数。为了方便判断乐曲结束，让结构体数组的第一个元素作为数组长度，最后一个元素为休止符 0。乐谱不应该被程序修改，因此使用 const 关键字修饰，当做常量。使用结构体数组来存储《两只老虎》乐谱如下。

```
1.   //Beep. h
2.   typedef struct
3.   {
4.     short tone;          //音名
5.     short time;          //时间
6.   } Note_TypeDef;
7.
8.   //Beep. c
```

```
9.   //两只老虎
10.  const Note_TypeDef TwoTigersNote[ ] =
11.  {
12.  {0,37},            //第一个元素的时间值为数组长度 音符数量比数组长度小 1
13.  {CM1,S7/4},{CM2,S7/4},{CM3,S7/4},{CM1,S7/4},
14.  {CM1,S7/4},{CM2,S7/4},{CM3,S7/4},{CM1,S7/4},
15.  {CM3,S7/4},{CM4,S7/4},{CM5,S7/4},{0,S7/4},
16.  {CM3,S7/4},{CM4,S7/4},{CM5,S7/4},{0,S7/4},
17.  {CM5,S7/8},{CM6,S7/8},{CM5,S7/8},{CM4,S7/8},{CM3,S7/4},{CM1,S7/4},
18.  {CM5,S7/8},{CM6,S7/8},{CM5,S7/8},{CM4,S7/8},{CM3,S7/4},{CM1,S7/4},
19.  {CM1,S7/4},{CL5,S7/4},{CM1,S7/4},{0,S7/4},
20.  {CM1,S7/4},{CL5,S7/4},{CM1,S7/4},{0,S7/4},
21.  };
```

6.2.3 演奏乐谱的思路

演奏音乐的函数 MusicPlay，其实就是通过循环语句遍历乐谱结构体数组，多次调用演奏单个音符的函数 BeepPlay，并延续特定的时间，接着演奏下一个音符，思路如图 6-11 所示。

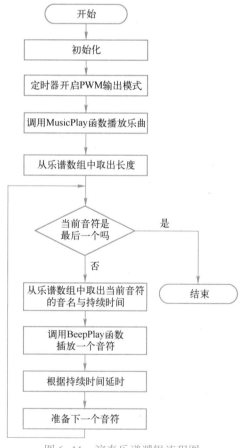

图 6-11 演奏乐谱逻辑流程图

　　该函数传入的参数有音量，还有乐谱数组的地址。也可以考虑把乐谱数组最后一个元素设为特殊的结束符，或者增加长度参数，来结束乐曲的播放。

任务实施

1. 使能 ARR 的预装载寄存器

　　可以使用 STM32CubeMX，在配置定时器的时候就启用使能 ARR 的预装载功能，操作如图 6-12 所示。

　　首先选择 TIM1（见①），在右侧下方的 Configuration 中找到 auto-reload preload，在下拉菜单中选择 Enable，使能自动重装值的预装载寄存器（见②）；而比较值的预装载寄存器是默认开启的（见③）。

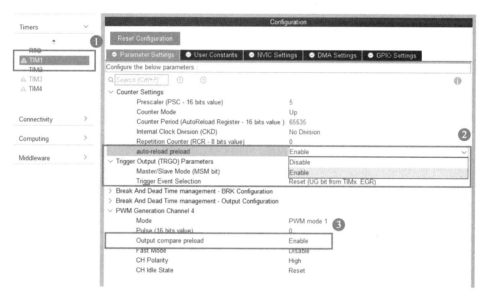

图 6-12　使能自动重装值的预装载操作示意图

　　然后可以删掉 BeepPlay 函数中清除计时器的宏定义语句__HAL_TIM_SET_COUNTER。最后生成代码。

2. 从音符到乐曲

编写演奏音乐的函数 MusicPlay 如下：

```
1.  //Beep. c
2.  /* *
3.   * @brief 以阻塞的方式演奏乐谱
4.   * @param 音量,乐谱数组
5.   * @note 音量建议范围 1~10,1 是最大,10 几乎听不清了
6.   * @retval None
7.   */
8.  void MusicPlay( unsigned char volume_level, Note_TypeDef * Music)
9.  {
```

```
10.    int i= 1 ;
11.    int length = Music[0]. time;
12.    while( i<length)
13.    {
14.        BeepPlay( Music[ i]. tone, volume_level) ;
15.        HAL_Delay( Music[ i]. time) ;
16.        i++;
17.    }
18. }
```

对乐谱数组与函数外部声明, 然后在主函数中调用此函数, 按下按键即可播放《两只老虎》。

```
1.    //Beep. h
2.    extern const Note_TypeDef TwoTigersNote[ ];
3.    void MusicPlay( unsigned char volume_level, Note_TypeDef * Music) ;
4.
5.    //main. c mian( )
6.      while ( 1)
7.      {
8.          if( KeyFlag)
9.          {
10.            KeyFlag  =0;
11.            char volumeLevel = 9;
12.            MusicPlay( volumeLevel, ( Note_TypeDef * ) TwoTigersNote) ;
13.          }
14.      }
```

运行代码, 观察现象。尝试增加几首乐曲。

思考: 按键仍然采用状态机的思路检测。如果在播放音乐的过程中, 按下按键, 按键能否被检测到? 按键的处理函数能否得到执行? 怎样修改程序, 能够实现按下按键, 播放下一曲的功能?

任务6.3　实现电子音乐播放器

任务分析

上一节的思考题, 采用状态机的思路, 在播放音乐的过程中, 按下按键, 是能够检测到的, 因为定时器会产生中断, 中断处理函数里读取按键状况, 优先级是有保障的。如果采用轮询的办法是检测不到按键按下的。但是, 即便检测到了按键按下, 按键的处理函数也执行不了, 因为 CPU 会 "忙着" 乐谱的延时。在目前的程序框架下, 是实现不了按下按键、播放下一曲的功能的。

本任务要增加 1 个定时器, 这个定时器像个闹钟一样工作, 让 CPU 处理正常的业务逻辑，时间到了以后，让定时器来提醒 CPU，播放下一个音符。这是 2 个定时器的综合应用，用定时器的溢出取代阻塞式的延时，让播放音乐的工作不占用太多 CPU 资源，实现类似于多线程的"背景音乐"（background music，BGM）。

知识准备

6.3.1　演奏背景音乐的逻辑

主函数中，不断检测按键有没有按下，如果按下了按键，就播放下一首音乐。由于中断不方便传递参数，所以要用一些全局的变量，记录下当前播放哪一首音乐，哪一个音符。

初始化 TIM4 来计算延时时间。在 TIM4 的中断服务中，调用 BeepSound 函数，用 TIM1 输出 PWM 来演奏 1 个音符，同时从乐谱数组中，根据音符持续的时间算出 TIM4 的 ARR，确保特定时间后再次进入 TIM4 的中断服务，来播放下一个音符。由于切换音符、延时由 TIM4 的中断服务完成，所以不会阻塞程序，也不会影响到主函数中的按键扫描。流程图如图 6-13 所示。

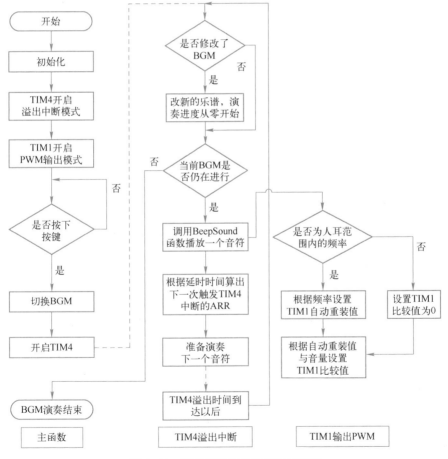

图 6-13　演奏背景音乐的逻辑流程图

可以看出演奏背景音乐，思路要在主函数、TIM4 溢出中断和 TIM1 输出 PWM 三者之间切换，如果再考虑到状态机读取按键信息，还用到了 TIM3，那么就一共用到了 3 个定时器了。3 个定时器各司其职，TIM3 用来检测按键状态；TIM1 用到定时器输出 PWM，只负责播放 1 个音符；TIM4 用来作为延时，根据某个音符持续的时间，设定下次进入 TIM4 中断服务的时间。

其实这里的程序就已经有点"多线程"的意思了，在嵌入式实时操作系统中，任务调度跟播放 BGM 是有一点相似的，感兴趣的同学可以查一查操作系统的任务管理。

任务实施

1. 使用 STM32CubeMX 配置 TIM4

在 STM32CubeMX 中开启一个 TIM4，并使能中断。将分频系数设置为 7 199，则溢出时间就是自动重装值加 1 的和除以 10。由于每个独立的音符只设置一次时间，修改的 ARR 要立即生效，因此不要使能自动重装值的预装载。操作如图 6-14 所示，找到 TIM4（见①与②），使能其内部时钟（见③），将 Prescaler 设置为"7 199"（见④）。

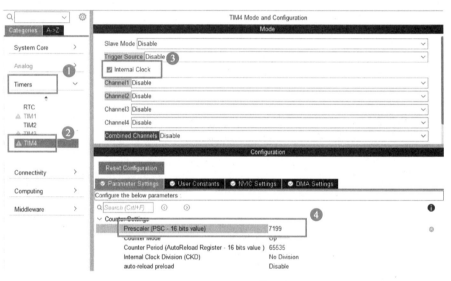

图 6-14　配置 TIM4 操作示意图

在 NVIC 控制器中（见①与②），开启 TIM4 的全局中断，并赋予优先级（见③），如图 6-15 所示。最后生成代码。

2. 编写 TIM 中断服务函数

由于中断函数不方便传参，所以在 Beep.c 中定义一些全局的变量，在 Beep.h 中进行外部声明，方便其他文件调用。

```
1.    //Beep.c
2.    unsigned short BGM_Length;                //BGM 长度
3.    Note_TypeDef * BGM_Current;               //指向当前 BGM 的指针
4.    unsigned char BGM_Volume;                 //音量
5.    unsigned char BGM_ChangeFlag;             //切换 BGM 的标志
```

6.

7.　//Beep. h

8.　extern unsigned short BGM_Length；

9.　extern Note_TypeDef ＊BGM_Current；

10.　extern unsigned char BGM_Volume；

11.　extern unsigned char BGM_ChangeFlag；

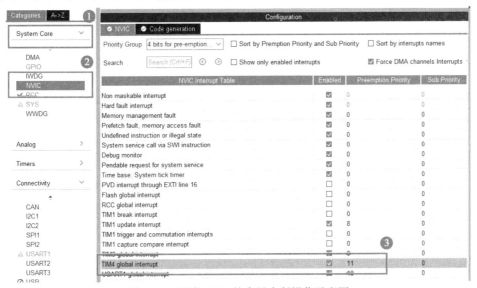

图 6-15　开启 TIM4 的全局中断操作示意图

修改 Timer. c 中的定时器溢出中断处理函数，增加 TIM4 的处理函数 BGM_Timer4_Handler，此函数在 Beep. c 中实现。

1.　//Timer. c

2.　void HAL_TIM_PeriodElapsedCallback(TIM_HandleTypeDef ＊htim)

3.　{

4.　　if(htim==(&htim4))

5.　　{

6.　　　BGM_Timer4_Handler()；

7.　　}

8.　}

BGM_Timer4_Handler 函数中，要根据全局的 BGM 标志位、长度还有当前 BGM 指针，判断接下来播放哪一个音符，以及下次进入 TIM4 中断处理函数的时间。

1.　//Beep. c

2.　/ ＊ ＊

3.　　＊ @ brief TIM4 用作演奏背景音乐

4.　　＊ @ param None

5.　　＊ @ retval None

6.　　＊ /

```
7.    void BGM_Timer4_Handler( void)
8.    {
9.      static unsigned short i = 0;                        //静态变量,函数执行完也不会释放
10.
11.     if( BGM_ChangeFlag)                                 //更换 BGM,索引从头开始
12.     {
13.       i =0;
14.       BGM_ChangeFlag =0;
15.     }
16.     if( i<BGM_Length)                                   //当前 BGM 未演奏完,则演奏下一个音符
17.     {
18.       BeepPlay( BGM_Current[ i]. tone,BGM_Volume) ; //借助另一个定时器输出频率
19.       __HAL_TIM_SET_AUTORELOAD( &htim4,BGM_Current[ i]. time * 10-1) ;  //设置某音符持
          续时间
20.       __HAL_TIM_SET_COUNTER( &htim4,0) ;               //计数器清零
21.       i++;                                             //演奏下一个音符
22.     }
23.     else                                               //演奏结束,关闭 TIM4
24.     {
25.       HAL_TIM_Base_Stop_IT( &htim4) ;
26.     }
27.  }
```

只要 TIM4 发生溢出中断,就会调用 BGM_Timer4_Handler 函数。由于每次调用中断服务函数时,并不知道当前 BGM 是哪一个,已经演奏到了第几个音符,因此要借助全局的 BGM_Change Flag 标志位,以及静态的索引变量 i。i 是乐谱结构体数组的下标,用于遍历乐谱。只要当前的 BGM 没有演奏完毕,就调用 BeepSound( )使蜂鸣器发出特定的频率,同时根据乐谱的时间,设置下一次进入定时器中断服务函数的时间。

3. 主函数按键处理

当按键按下去以后,播放下一首音乐,因此主函数中要使用一个变量来记录目前播放哪一个音乐。新增了小猪佩奇、超级玛丽、斗地主等背景音乐,详细乐谱见代码。

```
1.    //main. c
2.    / * USER CODE BEGIN PV * /
3.    unsigned char BGM_State = 0;     //播放背景音乐标志,记录在播放那个音乐
4.    / * USER CODE END PV * /
5.    //main( )
6.      while ( 1)
7.      {
8.        if( KeyFlag)
9.        {
10.         KeyFlag =0;
```

```
11.        BGM_State++;
12.        if(BGM_State>4)BGM_State=1;
13.        char volumeLevel = 9;
14.        switch(BGM_State)
15.        {
16.            case 1:
17.                BGM_Play(volumeLevel,(Note_TypeDef *)TwoTigersNote);
18.            break;
19.            case 2:
20.                BGM_Play(volumeLevel,(Note_TypeDef *)PeppaPigNote);
21.            break;
22.            case 3:
23.                BGM_Play(volumeLevel,(Note_TypeDef *)SuperMarioNote);
24.            break;
25.            case 4:
26.                BGM_Play(volumeLevel,(Note_TypeDef *)DouDiZhuNote);
27.            break;
28.            default:
29.            break;
30.        }
31.    }
```

播放背景音乐的函数 BGM_Play 中，根据传入的参数，修改全局的 BGM 变量，并开启 TIM4。此处开启 TIM4 后，可以立即进入中断服务，而不必清除溢出中断标志位。

```
1.    //Beep.c
2.    /**
3.     * @brief 播放背景音乐,并开启定时器
4.     * @param 音量,乐谱数组
5.     * @note 音量建议范围 1~10,1 是最大,10 几乎听不清了
6.     * @retval None
7.     */
8.    void BGM_Play(unsigned char volume_level,Note_TypeDef * BGM)
9.    {
10.       BGM_ChangeFlag = 1;                      //设置更换 BGM 标志
11.       BGM_Length = BGM[0].time;
12.       BGM_Current = BGM;
13.       BGM_Volume = volume_level;
14.       HAL_TIM_Base_Start_IT(&htim4);           //开启 TIM4
15.       //__HAL_TIM_CLEAR_FLAG(&htim4,TIM_FLAG_UPDATE);//开启前,先清除
16.   }
```

动手实践，下载程序，观察现象。程序应当不再阻塞，在播放某个 BGM 过程中，按下按键，能够切换到另一个 BGM。

知识拓展：PWM 驱动直流电机的原理

本项目通过玩转蜂鸣器，把定时器输出 PWM 的原理进行了深入讲解。PWM 用途广泛，搭配一些外围电路以后，能够驱动更复杂的器件，比如能够正转或者反转的大功率直流电机。先前讲解过 TIM1 为高级定时器，它的功能包含"带死区控制的互补输出"，什么是死区，以及为什么要互补呢？此处介绍下 PWM 通过 H 桥驱动电路控制直流电机的原理。

PWM 信号封锁电路要借助 H 桥驱动电路来控制电机。观察图 6-16，当 Q1 与 Q4 导通，Q2 与 Q3 断开的时候，电机相当于一端接 VCC，另一端接 GND。如果定义此时的方向为正转，那么当 Q2 与 Q3 导通，Q1 与 Q4 断开的时候，电机就可以反转。假如同侧桥臂的 2 个晶体管同时导通，则相当于把电源的正负极短路，导致电路板烧毁。H 桥的同侧上下半桥同时导通的情况绝对不能出现。

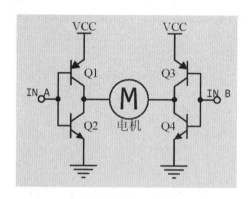

图 6-16　使用对管的 H 桥驱动电路图

如果同侧桥臂的 2 个晶体管，采用一对类型不同的晶体管，那么只需要 1 个控制信号就能控制这个桥臂。比如上桥臂使用 PNP 的晶体管，低电平时导通，下桥臂使用 NPN 的晶体管，高电平时导通。这 2 个管子互补，可以称为对管。将控制信号与对管的基极接到一起，那么控制信号不论是高电平还是低电平，同侧 2 个晶体管都不会同时导通。

实际应用中要考虑到 P 型半导体比 N 型半导体的原材料贵得多。这主要是性能的原因。在相同的尺寸条件下，P 型半导体的迁移速度比较慢，电子迁移的阻力比较大，造成了 P 沟道的导通电阻会更大一些。以 MOS 管为例，如果要做一个与 NMOS 管驱动能力相同的 PMOS 管，需要的成本会高得多。因此 PMOS 性能不如 NMOS，导致了 PMOS 的市场用量也远不如 NMOS，加上市场经济的杠杆，所以 PMOS 的成本也高于 NMOS。

因此，为了节省成本，要尽可能使用 NPN 型的晶体管。特别是大功率的 H 桥电路，全都是使用 NPN 型的晶体管。即使这种做法会使电路的设计更加复杂一些。同侧桥臂的 2 个晶体管，需要 2 个独立的控制信号。这 2 个控制信号要互补，否则可能出现同侧桥臂同时导通的情况。使用 4 个 NPN 的 H 桥电路如图 6-17 所示。

PWM 控制信号的频率通常比较高。由于功率较大的晶体管可能反应速度不够快、电机内部等效电感较大等原因，可能会造成关断动作慢，在某个半桥的晶体管应该关断时，还没来得及关断的瞬间，而另外一个半桥的晶体管却导通了，就会导致电路烧毁。

为了避免这种由延迟引起的同侧桥臂 2 个晶体管同时导通，通常会在一侧桥臂开始关断

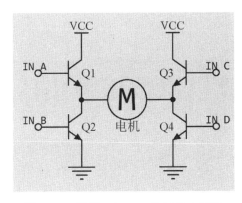

图 6-17　使用 4 个 NPN 的 H 桥电路图

后，延迟一定的时间，确保完全关断以后，再把另一侧桥臂打开。延迟的这段时间就被称为"死区时间"。这就是 TIM1 输出的"带死区控制的互补输出"信号的作用。

实战强化

把自己喜欢的歌曲制作成背景音乐，用单片机电路板播放，并且实现按键切歌的功能。

项目小结

蜂鸣器按照有无振荡源，可以分为有源蜂鸣器和无源蜂鸣器。无源蜂鸣器需要单片机提供振荡源，可以发出不同频率与音量的声音。

脉宽调制（pulse width modulation，PWM）是利用微处理器的数字输出来对模拟电路进行控制的一种技术。

分频系数是 PSC，自动重装值是 ARR，ARR 等于计数周期，比较值是 CCR，计数值是 CNT，掌握这几个参数的作用，以及它们对输出波形的影响。

根据频率计算自动重装值的公式，以及推导过程，$Autoreload = 12\,000\,000/Frequency - 1$。

定时器使用 PWM 模式，计数值与比较值的对比都是自动的，所以不需要在定时器的中断里执行操作。

真正起作用的是影子寄存器，用户只能操作预装载寄存器。

如果启用了影子寄存器的预装载功能，只有发生更新事件 UEV 的时候，才会把操作更新给影子寄存器。

用定时器计算延时时间，是为了解决延时函数阻塞的问题，实现播放背景音乐。

掌握演奏单个音符、演奏乐曲、演奏背景音乐的编程思路。

H 桥控制直流电机的原理，以及 TIM1 的"带死区控制的互补输出"是什么含义。

项目 7

多通道模拟数据采集器

项目概述

单片机是个数字芯片，多数情况下它的输入或输出不是 0，就是 3.3 V。有些情况下单片机需要采集模拟信号，信号电压介于 0 到 3.3 V 之间，要把模拟信号转换为数字信号，会用到模拟/数字转换器（analog-to-digital converter，ADC）。使用 ADC 能够极大扩展单片机的应用领域，比如光敏电阻把光照度转换为电阻值，再借助分压电路根据电压值计算电阻值，使用 ADC 读取电压值，也就算出了光照度。使用一个通道能够采集一个模拟信号，周期性循环采集多个通道模拟信号，会产生大量的数据。这些数据可以交给 DMA 来批量搬运。

学习目标

序　号	知　识　目　标	技　能　目　标
1	了解 ADC 的原理，STM32 的 ADC 资源情况	能够使用 STM32CubeMX 配置 ADC 参数，编写 ADC 转换电压的代码
2	掌握光敏电阻的工作原理，掌握采集光敏电阻的电路	能够推导对应电路 AD 值与光敏电阻值的计算关系，编写计算代码
3	了解 DMA 的工作原理及作用，STM32 的 DMA 资源情况	能够使用 STM32CubeMX 配置 DMA，编写 DMA 搬运多通道 AD 数据的代码
4	了解数据滤波的意义，掌握求算数平均值的思路	能够编写代码，对多通道的 DMA 采集结果求算数平均值

任务7.1　光照度的获取与分析

任务分析

本任务要使用 ADC 采集光照度，首先要了解 ADC 的基本信息，以及 STM32 单片机的 ADC 有什么特点；然后了解光敏电阻的原理，以及使用 ADC 采集的电压值与光照度的关系；最后编写代码，通过串口打印 ADC 读取的结果。

知识准备

7.1.1　STM32 的 ADC 简介

自然界宏观的物理量是连续的，而机器识别的信号 0 与 1 是离散的。为了让机器能够采集、分析、储存这些连续的量，要把需要被模拟的物理量转换为数字量。把温度、光照度等物理量转换为电信号量（如电压），需要专门的传感器；然后再由 ADC 将电压转换为数字信号。

ADC 的主要指标有：分辨率、精度、转换时间、输入点电压范围、输入电阻阻值、供电电源、数字输出特性、工作环境等。本节关注分辨率与转换时间。

如果把 0℃~100℃ 用 8 位数据来储存的话，对应关系如下：

0000 0000 —— 0℃；

1111 1111 —— 100℃。

100/256＝0.39(℃)，即在分辨率是 8 位的情况下，精度为 0.39。这个精度很低，连 0.2℃ 都无法表现出来。要准确地表示模拟量，ADC 的位数需要很大，甚至无穷大。STM32 的 ADC 分辨率为 12 位，精度为 100/4 096＝0.024 4。

ADC 每一次转换过程需要的时间为转换时间。转换时间的长度取决于输入时钟（ADC 工作频率）与采样周期 2 个参数，转换时间的计算公式为：转换时间＝采样周期+12.5 周期。

STM32 使用的是 12 位的逐次逼近型 ADC，它逐个产生比较电压，逐次与输入电压分别比较，以逐渐逼近的方式进行模数转换，属于中速 ADC 器件。它有多达 18 个通道，可测量 16 个外部和 2 个内部信号源。各通道的 A/D 转换可以单次、连续、扫描或间断模式执行。ADC 的结果可以左对齐或右对齐方式存储在 16 位数据寄存器中。它的主要特征如下：

① 12 位分辨率；

② 转换结束、注入转换结束和发生模拟看门狗事件时产生中断；

③ 单次和连续转换模式；

④ 从通道 0 到通道 n 的自动扫描模式；

⑤ 自校准；

⑥ 带内嵌数据一致性的数据对齐；

⑦ 采样间隔可以按通道分别编程；

⑧ 规则转换和注入转换均有外部触发选项；

⑨ 间断模式；

⑩ 双重模式（带 2 个或 2 个以上 ADC 的器件）；

⑪ ADC 转换时间与型号有关，如 STM32F103xx 增强型产品，时钟为 56 MHz 时为 1 μs，时钟为 72 MHz 时为 1.17 μs；

⑫ ADC 供电要求为 2.4~3.6 V；

⑬ ADC 输入范围为 VREF-≤VIN≤VREF+；

⑭ 在规则通道转换期间有 DMA 请求产生。

STM32F103C8T6 拥有 2 个 12 位的 ADC，引脚分配如表 7-1 所示。

表 7-1 STM32F103C8T6 引脚分配

引　　脚	通　　道	引　　脚	通　　道
PA0	ADC12_IN0	PA5	ADC12_IN5
PA1	ADC12_IN1	PA6	ADC12_IN6
PA2	ADC12_IN2	PA7	ADC12_IN7
PA3	ADC12_IN3	PB0	ADC12_IN8
PA4	ADC12_IN4	PB1	ADC12_IN9

ADC 的通道有注入通道与规则通道之分。规则通道是正常运行的通道，注入通道可以

打断规则通道。如果有注入通道进行转换，那么就要先转换完注入通道，等注入通道转换完成后，再回到规则通道的转换流程。本任务规则通道够用，不需要注入通道。

STM32 的 ADC 转换结束后，可以产生 ADC 中断，也可以触发 DMA，如图 7-1 所示。

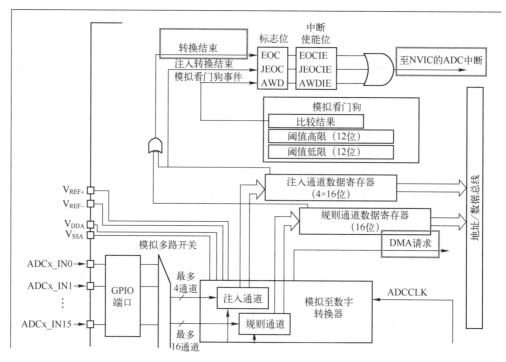

图 7-1   ADC 框图

7.1.2   光敏电阻

光敏电阻是用硫化镉或硒化镉等半导体材料制成的特殊电阻器，随着光照度的升高，电阻值会降低；光照度降低，电阻值会升高。由于光敏电阻能够把光照度与电阻对应起来，且结构简单、价格低廉，常常被用于精度不高的采集光照度的场合，它的形态如图 7-2 所示。

常见光敏电阻的亮电阻一般是 $1\,k\Omega$ 到 $100\,k\Omega$，暗电阻一般大于 $1\,M\Omega$。将光敏电阻与固定电阻串联，通过读取固定电阻的分压，能够算出光敏电阻的阻值，然后查阅相关表格得到光敏电阻对应的光照度。配套电路板上的光敏电阻电路如图 7-3 所示。

图 7-2   光敏电阻

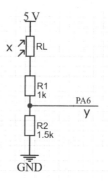

图 7-3   光敏电阻电路图

其中 PA6 接单片机 AD 采集引脚，它最大只能输入 3.6 V 电压，而光敏电阻 RL 的供电为 5 V，所以设计了 R1 与 R2 两个分压电阻，确保 PA6 的电压不超过 3.6 V。

设光敏电阻的阻值为 x，PA6 的电压为 y，利用串联电路电流相等关系，可得以下公式：

$$\frac{y}{1\,500}=\frac{5}{x+2\,500}$$

STM32 的 ADC 精度为 12 位，则最大值为 4 096。采集到的 AD 值与电压成线性对应关系，系统中最高的电压值为 3.3 V 的电源电压，它与 4 096 对应。假设 PA6 感受到的电压 y 对应的 AD 值为 z，则：

$$\frac{y}{z}=\frac{3.3}{4\,096}$$

联立两式，消去 y，得到关于 x 的表达式：

$$x=\frac{10\,240\,000}{1.1\times z}-2\,500$$

使用 ADC 得到 z 以后，就可以根据上式算出光敏电阻的值了。

7.1.3　光照度程序编写思路

在主函数中初始化 ADC 之后，死循环内无须处理，等到 ADC 转换数据完毕以后，将会触发一个中断。在中断函数中，调用函数得到转换的结果，再根据推导的公式，由 AD 值算出电阻值。光照度程序编写思路流程图如图 7-4 所示。

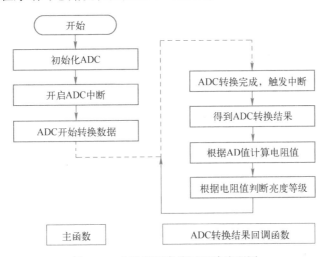

图 7-4　光照度程序编写思路流程图

如果用手遮挡光敏电阻，或者用手电筒照射光敏电阻，可以看到光敏电阻的阻值会有较大变化。将用手遮挡光敏电阻时，定义为暗（dark），室内照明定义为明亮（lightful），手电筒照射定义为刺眼（dazzling）。然后根据电阻值判断光照度的等级。

与串口收发函数类似，开启 ADC 也有 3 种方式：轮询、中断与 DMA，对应函数为 HAL_ADC_Start、HAL_ADC_Start_IT、HAL_ADC_Start_DMA。本节使用中断方式，开启 ADC 的函数见表 7-2。

表 7-2　HAL_ADC_Start_IT 函数解析

函 数 名 称	函 数 描 述	参　数	返回值
HAL_StatusTypeDef HAL_ADC_Start_IT（ADC_HandleTypeDef * hadc）	使能 ADC，以中断的方式开启规则组的转换	hadc：ADC 句柄	HAL：状态

当 AD 采集完毕以后，会调用 ADC 转换的中断服务回调函数 HAL_ADC_ConvCpltCallback，它的名称、形式与之前的串口、定时器中断大同小异。实际上关于 ADC 的中断回调函数不止一个，常见的 ADC 回调函数如表 7-3 所示。它们的参数一致，都是 ADC 的句柄，只是应用场合不同。中断与 DMA 都是非阻塞模式。

表 7-3　ADC 的回调函数

函 数 名 称	功　　能
HAL_ADC_ConvCpltCallback	在非阻塞模式下，转换完成的回调函数（conversion complete callback）
HAL_ADC_ConvHalfCpltCallback	在非阻塞模式下，DMA 转换一半的回调函数（conversion DMA half-transfer callback）
HAL_ADC_LevelOutOfWindowCallback	在非阻塞模式下，模拟看门狗回调函数
HAL_ADC_ErrorCallback	在非阻塞模式下（带有中断或 DMA 传输的 ADC 转换），ADC 错误回调函数

调用 HAL_ADC_GetValue 函数能够得到 ADC 转换的结果，函数说明如表 7-4 所示。

表 7-4　HAL_ADC_GetValue 函数说明

函 数 名 称	函 数 描 述	参　数	返回值	注　意
uint32_t HAL_ADC_GetValue（ADC_HandleTypeDef * hadc）	得到 ADC 规则组的转换结果	hadc：ADC 句柄	ADC：规则组转换数据	读取 ADC 的 DR 寄存器会自动清除 ADC 的 EOC 标志位（EOC：ADC 规则组单次转换结束的标志） 此函数不清除 ADC 的 EOS 标志位（EOS：ADC 规则组序列转换结束的标志）

任务实施

1. 使用 STM32CubeMX 配置 ADC1

在 STM32CubeMX 中将 PA6 引脚配置为 ADC1 的通道 6，如图 7-5 所示。

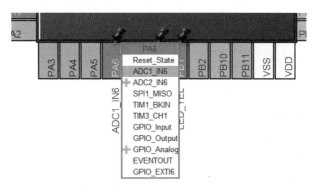

图 7-5　配置 PA6 操作示意图

STM32F1 的 ADC 使用的时钟最高只有 14 MHz，因此要在时钟配置界面下对 ADC 进行 6 分频，消除紫色报错，得到 12 MHz 的时钟，如图 7-6 所示。

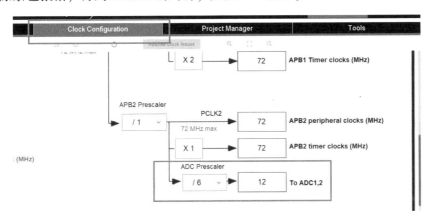

图 7-6　配置 ADC 时钟为 12 MHz 操作示意图

ADC 的参数较多，此处先配置为连续转换模式，并且为通道 6 设置采样时间为 239.5 周期，如图 7-7 所示。

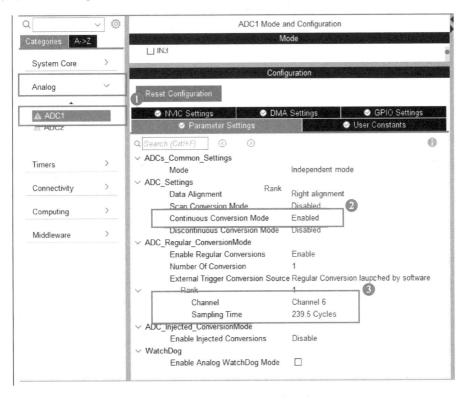

图 7-7　ADC1 参数配置操作示意图

（1）在 Pinout & Configuration 页面下选择 Analog（模拟）；选择 ADC1 选项（见①），界面右边会出现 ADC1 Mode and Conguration 区域。

（2）在 Configuration 页面里，找到 ADC Settings 目录下的 Continuous Conversion Mode 并设置为 Enabled（见②），使能连续转换模式。

（3）找到 Rank 目录，在 Channel 下拉菜单中选中 Channel 6，将 Samoling Time（采样）设置为 239.5 Cycles（见③）。

由于采集到的数据是 12 位的，放在 16 位的寄存器中，要空余 4 位，右对齐的方式指的是空余的 4 位放在左侧的高位，数据向右对齐。连续转换模式指的是转换结束后马上开始新的转换，与单次转换相反。

为了保证转换数据的准确性，要适当延长采样时间。每次转换实际使用的时间为采样时间+12.5 个周期，即通道 6 采样实际用时为 239.5+12.5＝252 个周期，理论用时为 252/12 000 000＝21（μs）。

然后开启 ADC 的全局中断，如图 7-8 所示。在 NVIC 控制器中（见①与②），勾选使能 ADC1 and ADC2 global interrupts，并赋予优先级（见③）。

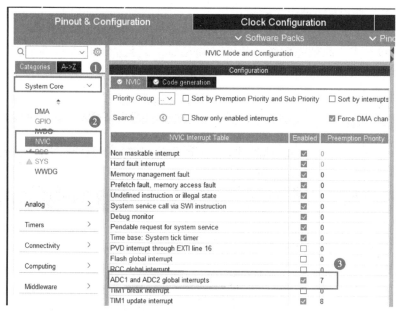

图 7-8　开启 ADC1 全局中断操作示意图

然后生成代码。主函数的死循环内无须任何操作。在初始化 ADC 以后，调用函数 HAL_ADCEx_Calibration_Start 进行校准，然后调用函数 HAL_ADC_Start_IT 开启 ADC 的中断。

```
1.   //main. c
2.   static void MX_ADC1_Init( void)
3.   {
4.     / * USER CODE BEGIN ADC1_Init 2 */
5.     HAL_ADCEx_Calibration_Start( &hadc1);        //AD 校准
6.     HAL_ADC_Start_IT( &hadc1);                   //开启 ADC1 中断
7.     / * USER CODE END ADC1_Init 2 */
8.   }
```

2. 编写 AD 中断服务程序

在回调函数 HAL_ADC_ConvCpltCallback 中，调用 HAL_ADC_GetValue 函数得到 AD 值，然后根据先前推导的公式计算电阻值，最后通过串口打印（中断函数内用打印函数是有风险的，此处出现暂时如此处理）。函数如下：

```
1.   //ADC. c
2.   / * *
3.    * @ brief ADC 通道转换结束以后触发回调函数
4.    * @ param 触发转换完成中的 ADC 句柄
5.    * @ retval None
6.    */
7.   void HAL_ADC_ConvCpltCallback( ADC_HandleTypeDef *  hadc)        //ADC 转换完成回调
8.   {
9.     if( hadc = = ( &hadc1) )
10.    {
11.      //获取 AD 值
12.      uint32_t AD_Value = HAL_ADC_GetValue( &hadc1);
13.      //根据 AD 值计算光敏电阻值,计算公式与电路相关
14.      uint32_t PhotoResistor = ( uint32_t) ( 10240000/( 1. 1 * AD_Value) - 2500);
15.      //串口打印采样结果
16.      printf( "The AD value is %d,the PhotoResistor is %d. \r\n",AD_Value,PhotoResistor);
17.    }
18.  }
```

3. 光敏电阻值的应用

下载程序，正确连接硬件，打开串口，观察现象。应当可以看到串口很快收到新的数据，数据内容为 AD 值与计算出来的光敏电阻值，如图 7-9 所示。

图 7-9　串口打印 AD 现象

编写代码，根据电阻值来判断当前光照度的等级。不同的光敏电阻其电阻值可能有较大差异，请稍加测试，根据自身硬件设置 DARK_VAL 与 DAZZLING_VAL。

```
1.    //ADC. c
2.    void HAL_ADC_ConvCpltCallback( ADC_HandleTypeDef * hadc)    //ADC 转换完成回调
3.    {
4.      if( hadc == (&hadc1))
5.      {
6.        //获取 AD 值
7.        uint32_t AD_Value = HAL_ADC_GetValue(&hadc1);
8.        //根据 AD 值计算光敏电阻值,计算公式与电路相关
9.        uint32_t PhotoResistor = (uint32_t)(10240000/(1.1 * AD_Value) - 2500);
10.       //串口打印采样结果
11.       printf("The AD value is %d,the PhotoResistor is %d. ",AD_Value,PhotoResistor);
12.       if( PhotoResistor > DARK_VAL)
13.         printf("    Dark . \r\n");
14.       else if( PhotoResistor < DAZZLING_VAL)
15.         printf("    Dazzling . \r\n");
16.       else
17.         printf("    lightful . \r\n");
18.     }
19.   }
```

任务7.2   多通道 AD 数据的 DMA 搬运

任务分析

上一个任务是单通道的数据采集，已经可以看出，AD 转换的速度很快，采集到的数据量也非常大。本任务实现多通道的数据采集，可想而知数据量会更大。如果由 CPU 全程主导数据采样，会比较耗费时间。使用 DMA 能够将数据从一个地址空间复制到另一个地址空间，且不需要 CPU 参与。要应用 DMA，就要对 DMA 的情况有所了解，能够使用 STM32CubeMX 配置 DMA。使用 DMA 采集到大量的数据后，可以对数据进行滤波，来保证数据的准确性与稳定性。

知识准备

7.2.1   DMA 简介

DMA，英文全称为 direct memory access，即直接存储器访问。DMA 传输将数据从一个地址空间复制到另一个地址空间，提供在外设和存储器之间或者存储器和存储器之间的高速数据传输，而且无须 CPU 参与。

系统运作的核心就是 CPU，CPU 无时无刻不在处理着大量的事务，但有些事务却没有那么重要，比如数据的复制、存储和转移（尤其是转移大量数据）。要把外设 A 的数据拷贝到内存 B，只需要提供一条数据通路，直接让数据由 A 拷贝到 B 即可。而把这部分的 CPU 资源拿出来，让 CPU 去处理其他的复杂计算事务，能更好地利用 CPU 的资源。DMA 正好是

用来处理这种任务的。

小提示：

举例来说明 DMA 的作用。假如 CPU 是个管家，数据是一种货物，负责搬运的伙计就是一种外设或者寄存器。有货物到了以后，用轮询处理，就像管家找个不自觉的伙计搬运货物，同时自己盯着，很浪费时间。

中断的处理流程是这样的：送货的通知管家，货到了；管家找个没主见的伙计搬运货物。伙计搬运货物时，管家可以休息或者处理其他事情。但是伙计每搬运 1 件货物，都要通知管家一声，管家会被多次打断。串口的数据就是这么处理的。当然，串口的数据可以改为 DMA 的方式。不过数据量小的时候，就几个字节，没有必要。

采用 DMA 的处理流程就简单了：DMA 是个很有眼力的伙计，管家告诉伙计，一旦有人把货物放到院子里，就把货物搬到仓库。全部搬完以后，告诉管家。货到的时候，要眼里有活儿，可以不用告诉管家。

7.2.2 STM32 的 DMA

STM32F103C8 拥有 7 路通用 DMA，可以管理存储器到存储器、设备到存储器和存储器到设备的数据传输；DMA 控制器支持环形缓冲区的管理，避免了控制器传输到达缓冲区结尾时所产生的中断。

每个通道都有专门的硬件 DMA 请求逻辑，同时可以由软件触发每个通道；传输的长度、传输的源地址和目标地址都可以通过软件单独设置。

DMA 可以用于主要的外设有：SPI、I2C、USART，通用、基本和高级控制定时器 TIMx 和 ADC。Cortex-M3 系列单片机的 DMA 功能框图节选如图 7-10 所示。注意，本书中示例单片机的型号为 STM32F103C8，它没有 DMA2。

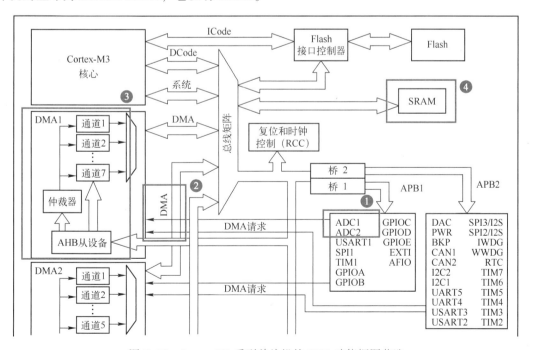

图 7-10 Cortex-M3 系列单片机的 DMA 功能框图节选

以 ADC 采集数据，需要 DMA 搬运数据为例，来分析框图，过程如下：

（1）ADC 采集数据完毕，对 DMA 控制器发出请求。

（2）DMA 控制器收到请求，触发 DMA 工作。

（3）DMA 控制器从 AHB 外设获取 ADC 采集的数据，存储到 DMA 通道中。

（4）DMA 控制器的 DMA 总线与总线矩阵协调，使用 AHB 把外设 ADC 采集的数据经由 DMA 通道存放到 SRAM 中，这个数据的传输过程中，完全不需要 CPU 参与。

如果使用 DMA 多通道采集 AD 数据，还有一个好处：使用 ADC 不论是单次转换还是连续转换，得到的数据都会储存在 DR 寄存器中。由于 DR 寄存器内部不是一个数组，而是一个变量，所以只能保存最新的转换结果。后转换的结果可能覆盖之前的结果。例如，通道 1 和通道 2 都使用，通道 1 的转换结果放在 DR 寄存器。紧接着通道 2 转换完毕以后，就会覆盖通道 1 的结果。单次转换与连续转换得到的数据都会储存在 ADC_DR 寄存器中。在中文参考手册的 11.3.4 节和 11.3.5 节有对单次转换和连续转换的说明，如图 7-11 所示。

11.3.4　单次转换模式

单次转换模式下，ADC 只执行一次转换。该模式既可通过设置 ADC_CR2 寄存器的 ADON 位(只适用于规则通道)启动也可通过外部触发启动(适用于规则通道或注入通道)，这时 CONT 位为 0。

一旦选择通道的转换完成：

● 如果一个规则通道被转换：

　— 转换数据被储存在 16 位 ADC_DR 寄存器中

　— EOC(转换结束)标志被设置

　— 如果设置了 EOCIE，则产生中断。

11.3.5　连续转换模式

在连续转换模式中，当前面 ADC 转换一结束马上就启动另一次转换。此模式可通过外部触发启动或通过设置 ADC_CR2 寄存器上的 ADON 位启动，此时 CONT 位是 1。

每个转换后：

● 如果一个规则通道被转换：

　— 转换数据被储存在 16 位的 ADC_DR 寄存器中

　— EOC(转换结束)标志被设置

　— 如果设置了 EOCIE，则产生中断。

图 7-11　中文参考手册中对于单次转换与连续转换的说明

程序中要建立一个数组，用于储存 AD 转换的数据。一旦 ADC_DR 寄存器里有了新的数据，就把新数据放在数组里。搬运的工作由 DMA 来完成。如果设置的是循环模式，可以在数组装满以后，再次采集，覆盖之前的数组。

7.2.3　数据滤波思路

在本任务中，AD 值由光照度决定，如果系统检测到光照度过高，通常会操作某个设备。而 AD 采样容易受干扰，所以要对采样数据进行滤波，减少噪声对系统的干扰。

滤波的算法有很多，本任务采用最简单的一种：计算平均值。如果当前光敏电阻的值是 1 000 左右，突然有一个数据受到了干扰，达到了 1 500，那么 100 个数据取平均值的时候，得到的结果是 1 005，对系统不会有太大干扰。也有一些其他优秀的算法，能够几乎消除极值对采样结果的影响。

本任务将使用 DMA 采集 6 个通道的数据。从某个通道的每 100 个数据中，提取出 1 个算数平均值。6 个通道，共需要转换 600 个数据。各通道要分别计算平均值。程序设计思路如图 7-12 所示，如果按键按下，就开启 ADC 的 DMA 功能，ADC 转换得到 6 个通道的 600 个数据，由 DMA 搬运到指定数组中。遍历此数组，计算出每个通道的平均值，然后关闭

DMA，设定 DMA 标志位。主函数中判断 DMA 的标志位，如果设置了 DMA 标志位，就通过串口打印 ADC+DMA 转换的结果。

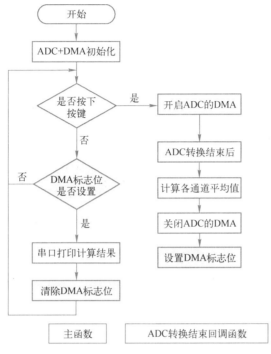

图 7-12　DMA 数据滤波程序流程图

本任务按下按键，得到一组数据，然后关闭 DMA，而不是循环采集数据，便于以后修改为收到特定命令，回复一组数据。在主函数而非中断函数内打印串口数据，是为了避免在中断函数中执行费时操作。

编写一个函数 Get_ADC_Avg，用于计算平均值。此函数要用到求余数的技巧。假设把 ADC 转换得到的 600 个数据放到数组 AD_Buf 中，AD_Buf[0] 与 AD_Buf[6] 储存的数据，都是第 0 号通道的数据（其实是通道 2 的数据），AD_Buf[1] 与 AD_Buf[7] 储存的数据，都是第 1 号通道的数据（其实是通道 3 的数据），把 AD_Buf 数组的下标对 6 求余数，就是对应通道的序号。先把每个通道的 100 个数累加求和，储存到数组 ADC1_SUM_BUF 中，然后再除以 100，就能得到某个通道的平均值 ADC1_AVG_Buf。计算平均值的思路如表 7-5 所示。

表 7-5　计算平均值的思路

通道号	0	1	2	3	4	5
实际通道	通道 2	通道 3	通道 4	通道 5	通道 6	通道 7
ADC 转换结果	AD_BUF[0]	AD_BUF[1]	AD_BUF[2]	AD_BUF[3]	AD_BUF[4]	AD_BUF[5]
	AD_BUF[6]	AD_BUF[7]	AD_BUF[8]	AD_BUF[9]	AD_BUF[10]	AD_BUF[11]
	⋮	⋮	⋮	⋮	⋮	⋮
	AD_BUF[594]	AD_BUF[595]	AD_BUF[596]	AD_BUF[597]	AD_BUF[598]	AD_BUF[599]
下标 i 的特征	i%6=0	i%6=1	i%6=2	i%6=3	i%6=4	i%6=5

计算	↓累加↓	↓累加↓	↓累加↓	↓累加↓	↓累加↓	↓累加↓
累加和数组	SUM_BUF[0]	SUM_BUF[1]	SUM_BUF[2]	SUM_BUF[3]	SUM_BUF[4]	SUM_BUF[5]
计算	↓除以100↓	↓除以100↓	↓除以100↓	↓除以100↓	↓除以100↓	↓除以100↓
平均值数组	AVG_BUF[0]	AVG_BUF[1]	AVG_BUF[2]	AVG_BUF[3]	AVG_BUF[4]	AVG_BUF[5]

上一个任务开启 ADC 中断使用的函数为 HAL_ADC_Start_IT，它只需指明句柄即可。本任务中 ADC 与 DMA 要配合使用。DMA 的初始化要用到 HAL_DMA_Init( ) 函数，其参数有：通道请求、传输方向、源和目的数据格式、循环或普通模式、通道优先级、源和目的增量模式。STM32CubeMX 能够自动配置 DMA 的初始化函数，详细内容请参阅源码。开启 ADC 的函数要改为 HAL_ADC_Start_DMA，函数说明如表 7-6 所示。

表 7-6　HAL_ADC_Start_DMA 函数解析

函 数 名 称	函 数 描 述	参　　数	返 回 值	注　　意
HAL _ StatusTypeDef HAL_ADC_Start_DMA (ADC _ HandleTypeDef * hadc, uint32 _ t * pData, uint32_tLength)	使能 ADC，开始规则组的转换，并通过 DMA 传输结果	hadc：ADC 句柄。 pData：目标缓冲区的地址。 Length：从 ADC 外设转移到存储器的数据数量	status，函数的执行状态，有 OK、错误、忙、超时这几种情况	在此功能中启用的所有中断（溢出，DMA 半传输，DMA 传输完成），都有其专用的回调函数

任务实施

1. 使用 STM32CubeMX 配置 DMA

使能 AD 的采集引脚 PA2~PA7，它们对应的通道为输入通道 2~7。除了 PA6 以外，其他的引脚并没有连接设备，处于悬空状态，它们的电平状况是不可预知的，有时会作为随机数的种子。此处作为预留的通道，仅用于演示 DMA 多通道采集的功能。配置 AD 输入引脚操作如图 7-13 所示。

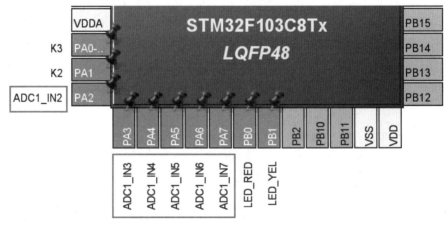

图 7-13　配置 AD 输入引脚操作示意图

在 System Core 中选择 ADC1，将需要转换的通道的参数配置为 6 个，扫描模式自动使能，如图 7-14 所示。

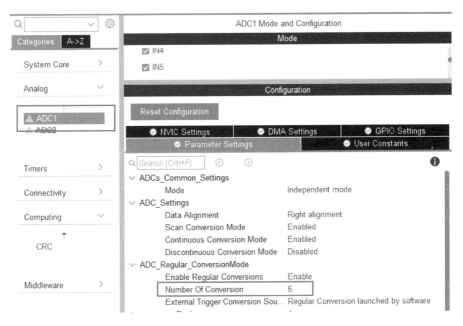

图 7-14　修改通道数量操作示意图

然后下方会增加 6 个规则通道，Rank 表示某通道采集的顺序。从通道 2 到通道 7 依次采集，并把每个通道的采样时间都改为 55.5 周期，实际采样的时间就是 55.5+12.5＝68 周期，如图 7-15 所示。

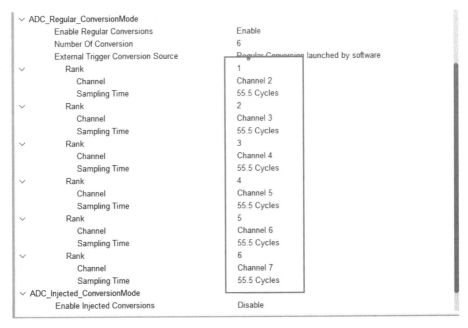

图 7-15　修改通道顺序与采样时间操作示意图

DMA 参数设置较为复杂，如图 7-16 所示。

（1）选中 ADC1（见①），在 Configuration 中，切换到 DMA Settings（见②）；

（2）单击 Add 按钮（见③），增加 DMA 通道 1，Direction（方向）设置为 Peripheral To Memory（从外设到内存）（见④）；

（3）设置 Mode 为 Circular，循环模式（见⑤）；

（4）设置内存中的地址递增，数据宽度为 Word（见⑥），数据宽度为 1 个字长（Word），在 32 位嵌入式系统中，一个字是 4 个字节，32 位，用 32 位的数组足够储存 12 位的转换结果。

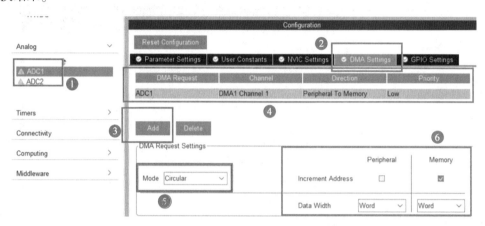

图 7-16　设置 DMA 参数操作示意图

配置完毕 DMA 以后，会自动开启 DMA 的中断。生成代码。

2. 实现 DMA 功能

这一步用于启用 DMA 进行数据采集，确保 DMA 能做工作，并且展现 DMA 的采集速度。

使用 DMA 搬用数据要指明"目的地"，新建全局数组 AD_Buf，数组元素为整型，用于暂存 DMA 采集到的数据。有 6 个通道，先设置数组长度为 6，即每个通道采集 1 个数。另外设置一个计数器 DMA_CNT，用于计算 DMA 采集数据的次数。编写全局变量如下：

```
1.   //ADC. c
2.   uint32_t AD_Buf[ADC_CHANNEL_CNT];          //暂存 AD 采集数据结果的数组
3.   uint32_t DMA_CNT = 0;                       //DMA 搬运数据次数的计数器
4.   //ADC. h
5.   #define ADC_CHANNEL_CNT      6             //ADC1 通道数量
6.   extern uint32_t AD_Buf[ADC_CHANNEL_CNT];
7.   extern uint32_t DMA_CNT;
```

在初始化 ADC 的函数 MX_ADC1_Init 中，手动开启 ADC1 的 DMA 通道，将 ADC_CHANNEL_CNT 个数据存储到 AD_Buf 数组中。

```
1.   static void MX_ADC1_Init( void)
2.   {
```

3.　/ * USER CODE BEGIN ADC1_Init 2 */

4.　HAL_ADCEx_Calibration_Start(&hadc1);　　　　//AD 校准

5.　HAL_ADC_Start_DMA(&hadc1,(uint32_t *)AD_Buf,ADC_CHANNEL_CNT);　//开启 ADC1

　的 DMA 通道

6.　/ * USER CODE END ADC1_Init 2 */

7.　}

当每次进入 ADC1 的中断服务函数时，说明 1 组（数量与 ADC_CHANNEL_CNT 相等）ADC 数据转换完毕，需要使用 DMA 来搬运。此处将 DMA 的计数器+1，能够算出 DMA 搬用数据的次数。修改 ADC1 的中断服务函数如下：

1.　//ADC. c

2.　void HAL_ADC_ConvCpltCallback(ADC_HandleTypeDef * hadc)

3.　{

4.　if(hadc = =(&hadc1))

5.　{

6.　DMA_CNT++;

7.　}

8.　}

在主函数的死循环中，每隔1 s，打印 1 次 DMA 采集数据的结果，以及 DMA 采集数据的次数。

1.　//main. c main( )

2.　while（1）

3.　{

4.　HAL_Delay(1000);

5.　for(int i=0;i<ADC_CHANNEL_CNT;i++)　　　//循环打印 ADC1 各通道的值

6.　printf("CH%d value = %d \n",i+2,AD_Buf[i]);

7.　printf("DMA 搬运数据的次数是 %d. \n",DMA_CNT);

8.　DMA_CNT=0;

9.　}

下载程序，正确连接硬件，打开串口调试软件观察现象，应当看到如图 7-17 所示的现象。

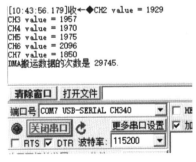

图 7-17　DMA 采集数据结果

以上数据中的通道 6 是光敏电阻的 AD 值，在不同光照度下应当略有变化。每秒 DMA 的搬运次数为 29 745 次，每次搬运用时 33.6 μs。理论计算，DMA 每次搬运用时为 68 周期× 6 通道/12 MHz=34 μs，两者大致相等。可以看出，DMA 搬运的速度是极快的。其实每次 ADC 转换得到 1 个数据，DMA 就会立刻搬运到指定的数组中；DMA 搬运完一组数据，会调用回调函数 HAL_ADC_ConvCpltCallback。

3. DMA 数据滤波

这一步要对 DMA 采集的数据进行滤波处理，同时改为按下一次按键，采集一组数据。

新增几个全局数组 ADC1_AVG_Buf 用于暂存 6 路 AD 的算数平均值；新增全局的 DMA 处理完成的标志位 DMA_Flag。新增宏定义 ADC_DMA_BUF_LEN 为 600，修改 AD_Buf 的数组长度为 600。

```
1.  //ADC. c
2.  uint32_t AD_Buf[ADC_DMA_BUF_LEN];              //暂存 AD 采集数据结果的数组
3.  uint32_t ADC1_AVG_Buf[ADC_CHANNEL_CNT];        //暂存算数平均后的 DMA 采集数据
4.  uint8_t DMA_Flag = 0;                           //DMA 处理完成标志
5.  //ADC. h
6.  #define ADC_DMA_BUF_LEN        600             //6 个通道,每个通道使用 100 个数据
7.  extern uint32_t AD_Buf[ADC_DMA_BUF_LEN];
9.  extern uint32_t ADC1_AVG_Buf[ADC_CHANNEL_CNT];
9.  extern uint8_t DMA_Flag;
```

在主函数的死循环内，添加按键状态检测，如果按下按键，开启 ADC 的 DMA 传输功能。修改第 3 个参数为 ADC_DMA_BUF_LEN，即每采集到 600 个数据，触发一次中断。相应的，ADC 的初始化函数中不开启 DMA，也不开启中断。

```
1.  //mian. c mian( )
2.  while (1)
3.  {
4.      if(KeyFlag)
5.      {
6.          HAL_ADC_Start_DMA(&hadc1,(uint32_t * )AD_Buf,ADC_DMA_BUF_LEN);    //开启
    ADC1 的 DMA 通道
7.          KeyFlag =0;
8.      }
9.  }
```

修改 ADC 转换结束以后的回调函数，在函数内计算转换结果的平均值，然后关闭 ADC1 的 DMA 功能，设置 DMA 搬运完成的标志位。

```
1.  //ADC. c
2.  void HAL_ADC_ConvCpltCallback(ADC_HandleTypeDef *  hadc)
3.  {
4.      if(hadc==(&hadc1))
5.      {
```

```
6.      Get_ADC_Avg();
7.      HAL_ADC_Stop_DMA(&hadc1);        //关闭 ADC1 的 DMA 通道
8.      DMA_CNT++;
9.      DMA_Flag = 1;
10.    }
11. }
```

其中计算平均值的函数 Get_ADC_Avg 要用到求余数的技巧，具体代码如下：

```
1.  //ADC. c
2.  /**
3.   * @brief 获取不同通道的平均值
4.   * @param None
5.   * @retval None
6.   */
7.  void Get_ADC_Avg()
8.  {
9.      //储存某个通道 100 个数据的累加结果,32 位储存 100 个 16 位数据不会溢出
10.     uint32_t ADC1_SUM_Buf[ADC_CHANNEL_CNT] = {0};
11.     //遍历 DMA 搬运结果数组,计算某通道累加结果
12.     for(int i = 0; i < ADC_DMA_BUF_LEN;i++)
13.         ADC1_SUM_Buf[i%ADC_CHANNEL_CNT] += AD_Buf[i];
14.     //遍历累加数组,算出某通道的平均数
15.     for(int j = 0 ; j < ADC_CHANNEL_CNT; j++)
16.         ADC1_AVG_Buf[j] = ADC1_SUM_Buf[j]/100;
17. }
```

在主函数的死循环中，判断 DMA 的标志位。通过 AD 值计算电阻值，通过串口打印，然后清除 DMA 的标志位。

```
1.  //main. c   main()
2.  while (1)
3.  {
4.      if(DMA_Flag)
5.      {
6.      for(int i=0;i<ADC_CHANNEL_CNT;i++)
7.        printf("CH%d value = %d \n",i+2,ADC1_AVG_Buf[i]);
8.      uint32_t PhotoResistor = (uint32_t)(10240000/(1. 1 * ADC1_AVG_Buf[4]) - 2500);
9.      //串口打印采样结果
10.     printf("The AD value is %d,the PhotoResistor is %d . \r\n",ADC1_AVG_Buf[4],PhotoResistor);
11.     printf("The DMA count is %d . \r\n",DMA_CNT);
12.     DMA_Flag =0;
13.     }
14.   }
```

　　下载程序，正确连接硬件，打开串口调试软件观察现象。应当可以看到，每次按下按键以后，串口都会收到每个通道的 AD 值，如图 7-18 所示。每个值都是经过 100 次采样得到的算数平均值，比较准确。这些数据由 DMA 负责传输，并不会耗费太多的 CPU 资源。

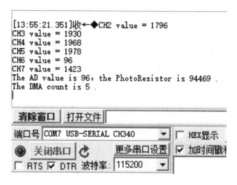

图 7-18　串口打印多通道 AD 数据现象

知识拓展：从电阻值到光照度

　　之前已经算出来了光敏电阻的电阻值，并且能够分出光照度的等级，但是仍然无法计算出光照度。光照度是指单位面积上所接受可见光的能量，简称照度，单位勒克斯（lx）。常见环境的光照度值如表 7-7 所示。

表 7-7　常见环境的光照度值

场所/环境	光照度/lx	场所/环境	光照度/lx
晴天室内	100~1 000	办公室/教室	300~500
阴天室内	5~50	餐厅	10~30
月圆夜室外	0.2	距 60 W 台灯 60 cm	300

　　精确测量光照度是比较困难的一件事情，使用简陋的光敏电阻测量光照度则精度难以保障。本节的重点是解决问题的思路，如何用较简单的方法获取相对准确的光照度。配套电路板中使用的光敏电阻型号为 GL5528，它的主要参数如表 7-8 所示。

表 7-8　GL5528 主要参数

项目	最大电压	最大功耗	环境温度	光谱峰值	10 lx 时亮电阻	暗电阻	γ 值	上升时间	下降时间
单位	V	mW	℃	nm	kΩ	MΩ	0.6	ms	ms
GL25528	500	500	−30~+70	560	10~20	2	0.6	20	30

　　表中的 γ 值表示 10 lx 时光敏电阻值与 100 lx 时光敏电阻值的比值的对数。

　　将 $\gamma=0.6$ 代入，可得 $R10/R100 \approx 4$。即 $R10=4 \times R100$，对于 $R10$ 与 $R1$ 关系仍然成立：$R1=4 \times R10$。光敏电阻数据手册中给出了一个对数坐标系的图，光照度与电阻值的对应关系并非一条直线，而是一个范围。为了简便计算，取范围中稍微靠下的一条直线，直线中包含（1，40），（10，10），（100，2.5）这三个点，如图 7-19 所示。

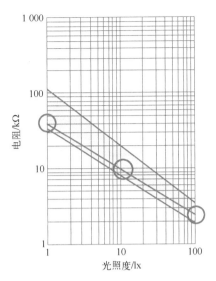

图 7-19 GL5528 光照度与电阻值的对应关系图

数据手册中给出的 1 到 100 范围太小了，常用光照度可达到 1 000 lx，因此要通过现有的关系推算出光照度与电阻值的关系式。虽然看上去光照度与电阻值的对应关系是一条直线，但是要注意坐标系是对数坐标系，不能套用一元一次方程。在 MATLAB 中拟合，拟合过程如图 7-20 所示。可得关系式为：

$$f(x) = (4e+0.4) \times x^{-0.6021}$$

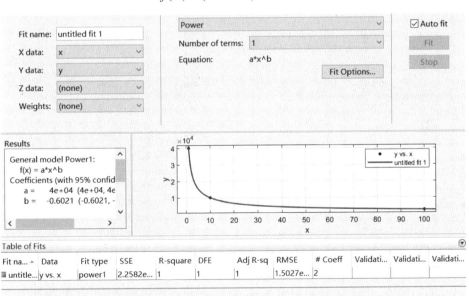

图 7-20 MATLAB 数据拟合操作示意图

在单片机内，用带指数的关系式计算，计算速度会很慢。可以使用查表法，无须计算，只遍历数组得到结果。根据拟合得到的函数，可以推导出光照度从 1~1 000 lx 各自对应的电阻值，共 1 000 对，节选如表 7-9 所示。

表 7-9 GL5528 光照度与电阻对比表节选

光照度/lx	电阻/Ω	光照度/lx	电阻/Ω	光照度/lx	电阻/Ω
1	40 000	100	2 499. 539	985	630. 539 1
2	2 6351. 77	101	2 484. 609	986	630. 154
3	20 643. 59	102	2 469. 914	987	629. 769 5
4	17 360. 4	103	2 455. 448	988	629. 385 6
5	15 177. 85	104	2 441. 205	989	629. 002 4
6	13 599. 88	105	2 427. 18	990	628. 619 8
7	12 394. 43	106	2 413. 367	991	628. 237 8
8	11 436. 93	107	2 399. 761	992	627. 856 4
9	10 653. 95	108	2 386. 358	993	627. 475 6
10	9 999. 079	109	2 373. 152	994	627. 095 4

观察数据，可以发现在光照度比较大的时候，对应的电阻值过于接近。此处仅要求粗略计算，无须这么多数据。将电阻值的个位数舍去，并删除重复电阻值，可得到 281 对数据，节选如表 7-10 所示。

表 7-10 GL5528 光照度与电阻对比化简表节选

光照度/lx	电阻/Ω	光照度/lx	电阻/Ω	光照度/lx	电阻/Ω
1	40 000	100	2 490	791	710
2	26 350	101	2 480	809	700
3	20 640	102	2 460	829	690
4	17 360	103	2 450	849	680
5	15 170	104	2 440	869	670
6	13 590	105	2 420	891	660
7	12 390	106	2 410	914	650
8	11 430	107	2 390	937	640
9	10 650	108	2 380	961	630
10	9 990	109	2 370	987	620

定义新的结构体，储存光敏电阻值与对应的光照度，然后定义结构体数组如下。

```
1.  //ADC. h
2.  typedef struct
3.  {
4.      unsigned short ohm;     //光敏电阻值
5.      unsigned short lux;     //光照度
```

6.　｜PhotoRes_TypeDef；

7.　//ADC. c

8.　//GL5528 光敏电阻的阻值与光照度对应的关系

9.　const PhotoRes_TypeDef GL5528［281］=

10.　｛

11.　｛40000, 1｝,｛26350, 2｝,｛20640, 3｝,｛17360, 4｝,｛15170, 5｝,

12.　｛13590, 6｝,｛12390, 7｝,｛11430, 8｝,｛10650, 9｝,｛9990, 10｝,

13.　｛9440, 11｝,｛8950, 12｝,｛8530, 13｝,｛8160, 14｝,｛7830, 15｝,

14.　……

15.　｛720, 773｝,｛710, 791｝,｛700, 809｝,｛690, 829｝,｛680, 849｝,

16.　｛670, 869｝,｛660, 891｝,｛650, 914｝,｛640, 937｝,｛630, 961｝,

17.　｛620, 987｝,

18.　｝;

当得到电阻值以后，遍历光敏电阻的结构体数组，与采集到的电阻值对比，算出光照度，代码如下。

1.　//ADC. c

2.　/ ＊＊

3.　　＊ @ brief 通过电阻值算出光照度

4.　　＊ @ param 光敏电阻值

5.　　＊ @ retval 光照度，单位 lx

6.　　＊ /

7.　unsigned short GetLux（uint32_t PhotoResistor）

8.　｛

9.　　unsigned short lux = 0；

10.　　//查表法，根据电阻值得出光照度

11.　　for（int i = 0 ; i < 281 ; i++）

12.　　｛

13.　　　if（PhotoResistor > GL5528［i］. ohm）

14.　　　｛

15.　　　　lux = GL5528［i］. lux；

16.　　　　break；

17.　　　｝

18.　　｝

19.　　return lux；

20.　｝

21.

在主函数中的死循环中，调用计算光照度的函数，得到光照度并通过串口打印。代码如下。

1.　//main. c main（）while（1）

2.　　　if（DMA_Flag）

3.　　　｛

```
4.        unsigned short lux = 0;
5.        for( int i=0;i<ADC_CHANNEL_CNT;i++)
6.          printf("CH%d value = %d \n",i+2,ADC1_AVG_Buf[i]);
7.        uint32_t PhotoResistor = (uint32_t)(10240000/(1.1 * ADC1_AVG_Buf[4]) - 2500);
8.        //从电阻值计算光照度
9.        lux = GetLux(PhotoResistor);
10.       //串口打印采样结果
11.       printf("The AD value is %d,the PhotoResistor is %d.\r\n",ADC1_AVG_Buf[4],PhotoResis-
          tor);
12.       printf("The Lux is %d.\r\n",lux);
13.       printf("The DMA count is %d.\r\n",DMA_CNT);
14.       DMA_Flag = 0;
15.     }
16.
```

下载程序，观察现象，应该看到如图 7-21 所示的现象，说明算出了光照度的值。

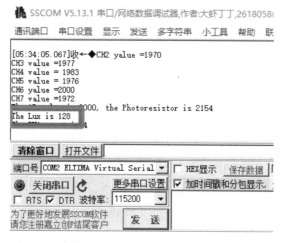

图 7-21   串口打印 Lux 现象

实战强化

自定义通信协议，使用串口调试软件发送给单片机一个采集光敏的命令，然后单片机使用 DMA 搬运多个光敏数据，计算平均值滤波，把光敏电阻值返回给串口调试软件。

思考：本项目中以 3.3 V 的电源电压作为参考电压，实际上电源电压不一定总是稳定在 3.3 V，例如某个系统的电源电压只有 3.2 V，看上去也能工作，但 AD 的采样结果会受影响。如何降低电源电压不稳定对 AD 采样结果的影响？

项目小结

ADC 是模拟/数字转换器。它的主要参数有采样精度与采样速度。

STM32F103C8T6 拥有 2 个 12 位的 ADC，每个 ADC 有 16 个外部通道。

STM32 的 ADC 转换结束后，可以产生 ADC 中断，也可以触发 DMA。

常见光敏电阻的亮电阻一般是 1 kΩ 到 100 kΩ，暗电阻一般大于 1 MΩ。

理解配套电路中光敏电阻值与 AD 值的公式 $x = 10\ 240\ 000/(1.1 \times z) - 2\ 500$，掌握其推导过程。

STM32F1 定时器使用的时钟最高只有 14 MHz，6 分频可得到 12 MHz 的时钟。

DMA，英文全称 direct memory access，即直接存储器访问。

DMA 提供在外设和存储器之间或者存储器和存储器之间的高速数据传输，而且无须 CPU 参与。

AD 采样容易受干扰，所以要对采样数据进行滤波，减少噪声对系统的干扰。

DMA 搬运完一组数据后，会调用回调函数 HAL_ADC_ConvCpltCallback。

项目 8

基于 Modbus 协议的多路环境采集系统

项目概述

本项目将基于 RS485 总线，应用 Modbus 协议，完成一个多路环境采集系统。首先要了解 RS485 总线与 Modbus 协议，知道每帧数据的组成，以及每个字节的含义。Modbus 通常不设置固定结束符，截断 Modbus 的一帧数据要依赖定时器。然后要根据 Modbus 协议，采集光敏传感器与温湿度传感器的数据。光照度通过 AD 即可获得，温湿度要通过单总线的协议获得。这两种传感器都作为 Modbus 协议的从节点，同时接入 RS485 的通信网络中，计算机端的串口调试软件作为主节点，根据协议获取传感器的数据。

学习目标

序　号	知 识 目 标	技 能 目 标
1	了解 RS485 的通信原理，知道设备的接法与拓扑结构	能够使用串口驱动 RS485 通信芯片，编写代码实现 RS485 通信
2	了解 Modbus 协议的基本用法，知道主从节点的工作流程，以及 CRC 校验的原理	能够自定义 Modbus 协议，编写代码实现包含 03、06 功能码的 Modbus 协议
3	熟练掌握使用定时器截断串口数据的思路，知道如何判断 Modbus 一帧数据的结束	能够使用 STM32CubeMX 配置定时器与串口，编写代码实现不定长数据的接收
4	熟练掌握 DHT11 传感器的工作原理	能够编写代码获取温湿度值

任务 8.1 使用定时器截断串口数据

任务分析

本项目的目标是在多路环境采集系统中实现一对多的通信。之前学习的串口是一对一的通信。RS485 能够实现一对多的通信，它常常与 Modbus 配合使用。完成本任务需要了解 RS485 与 Modbus 协议，然后知道如何用定时器截断 Modbus 的一帧数据，编写代码实现 Modbus 协议的应声虫程序，确保 RS485 数据收发没有问题。

知识准备

8.1.1　RS485 总线

RS485 是一个关于驱动器和接收器的电气特性的标准。逻辑"1"以两线间的电压差为 +2 V 到 +6 V 表示；逻辑"0"以两线间的电压差为 -2 V 到 -6 V 表示。其抗干扰性比较好，常用于工业通信。对比先前学过的串口，RS485 有以下特点。

（1）通过 2 根差分线来传递数据，这是其抗干扰性比较好的主要原因。由于电路板可能受到各式各样的干扰，比如大功率用电器合闸、闪电、电机等引起磁场变化，导致信号线产生噪声。如果 2 根线宽度、长度、材质等情况完全一样，距离又很近的话，那么收到干扰产生的噪声，应当也几乎一样。把 2 根线的电压相减，其电压差值是相对稳定的，可以把干扰造成的影响降到最低。

（2）虽然是用 2 根线传递数据，但通常连接 3 根线，分别是 A 线、B 线以及地线。

（3）线路终端（line termination）通常需要在 A、B 线之间接终端电阻，减少信号的反射。电阻值一般是 120 Ω。RS485 总线常见接法如图 8-1 所示。

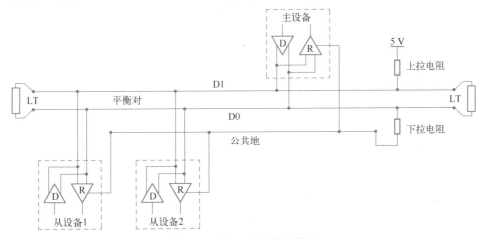

图 8-1　RS485 总线常见接法

（4）可以实现一个主机对多个从机通信。数据传输是双向的，主机可以发送数据给从机，从机也可以发送数据给主机，但两者不能同时发送，即通信为半双工。半双工的通信方式需要主机和从机都遵守特定的通信规范，以免陷入混乱。常用的通信协议为 Modbus 协议。

虽然 RS485 与串口通信使用不同的电平标准，但其实从单片机编写程序的角度来讲，进行 RS485 通信与使用串口逻辑差不多，都是串行通信方式。RS485 通信芯片会进行电平的转换。当 RS485 通信芯片用于把 TTL（或 CMOS）电平转换为 RS485 电平时，被称为驱动器，单片机发送数据；当 RS485 通信芯片用于把 RS485 电平转换为 TTL（或 CMOS）电平时，被称为接收器，单片机接收数据。常见的 RS485 通信芯片引脚如图 8-2 所示。

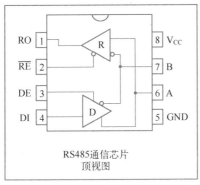

Pin 1 - RO —— 接收器输出

Pin 2 - $\overline{\text{RE}}$ —— 接收器使能，低电平有效

Pin 3 - DE —— 驱动器使能，高电平有效

Pin 4 - DI —— 驱动器输入

Pin 5 - GND —— 地线

Pin 6 - A —— 驱动器输出A/接收器输入

Pin 7 - B —— 驱动器输出B/接收器输入

Pin 8 - V_{CC} —— 电源

图 8-2　RS485 通信芯片引脚说明

　　驱动器与接收器有不同的电气特性，为了保持通信总线稳定性，在不发送数据的时候，都要设置为接收器状态。电路设计中增加控制引脚，连接 Pin2 与 Pin3，用于设置 RS485 通信芯片的状态。配套电路板中，使用 SP3485 作为 RS485 通信芯片，单片机的串口 1 与 SP3485 连接，用 PA8 作为控制引脚，同时连接 Pin2 与 Pin3。SP3485 电路原理图如图 8-3 所示。

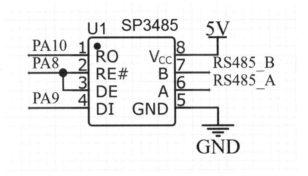

图 8-3　SP3485 原理图

　　PA8 输出高电平则 SP3485 作为驱动器，PA8 输出低电平则 SP3485 作为接收器。由 STM32 的 UART 发送的串行数据经过 SP3485 芯片后，被翻译为 RS485 的电平标准。

　　RS485 的数据格式与串口类似，都是串行数据，一个字节也是 10 位，起始位总是低电平，而结束位是高电平，8 个数据位，低位在前。图 8-4 是 RS485_A 的 1 字节通信数据波形。第一格是起始位的低电平，接下来是连续 3 个高电平和 5 个低电平，最后一格是结束位的高电平。中间的数据位是 1110 0000，由于低位在前，所以实际是 0000 0111，也就是 0x07。

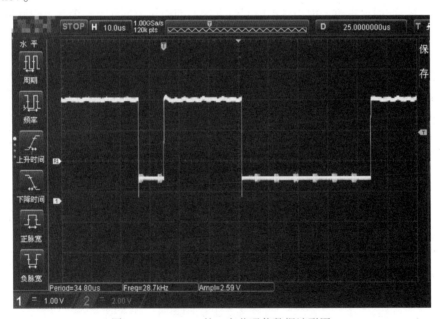

图 8-4　RS485_A 的 1 字节通信数据波形图

RS485 作为工业总线，有较好的抗干扰能力，传输数据依赖 RS485_A 减去 RS485_B 的压差。图 8-5 中，黄色线（通道 1，见①）是 RS485_A 对地电压。蓝色线（通道 2，见②）是 RS485_B 对地电压。为了方便观察，把两个波形完全分开了。紫色线（MATH，由通道 1 和通道 2 得到，见③）是传输数据的波形。

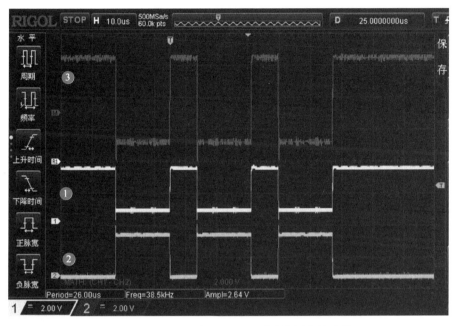

图 8-5　RS485_A 与 RS485_B 对地的压差波形图

8.1.2　Modbus 协议

Modbus 是一种串行通信协议，是 Modicon 公司（现在的施耐德电气 Schneider Electric）于 1979 年为使用可编程逻辑控制器（PLC）通信而发布的。Modbus 已经成为工业领域通信协议的业界标准，并且现在是工业电子设备之间常用的连接方式。

Modbus 协议是应用层报文传输协议，RS485 是一种电平标准，两者不可混为一谈，也不是绑定使用的关系。TCP/IP 与 RS232 也可以使用 Modbus 协议。Modbus 应用广泛，市面上有大量兼容 Modbus 协议的传感器或者执行单元。如果使用单片机来实现这个协议，可以轻松扩展产品的功能。

通用 Modbus 帧通常由地址域、功能码、数据、差错校验这 4 部分组成，如图 8-6 所示。

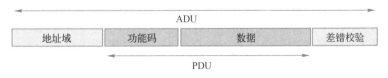

图 8-6　通用 Modbus 帧

功能码是唯一且确定的，主要的公共功能码如表 8-1 所示。

表 8-1　Modbus 协议主要的公共功能码

操　作	目　标	功　能	功能码	子　码
比特访问	物理离散量输入	读输入离散量	02	
	内部比特或物理线圈	读线圈	01	
		写单个线圈	05	
		写多个线圈	15	
16 比特访问	输入寄存器	读输入寄存器	04	
	内部寄存器或物理输出寄存器	读多个寄存器	03	
		写单个寄存器	06	
		写多个寄存器	16	
		读/写多个寄存器	23	
		屏蔽写寄存器	22	
文件记录访问		读文件记录	20	6
		写文件记录	21	6

其中 03 与 06 功能码比较常用。如果想读取某个设备中的传感器的数据（这个数据位于寄存器中），可以使用 03；如果想操作某个执行单元，或者给某个设备写数据，可以使用 06。

Modbus 协议采用主从通信方式。在同一时刻，只有一个主节点连接总线，一个或多个从节点连接同一个串行总线。Modbus 通信总是由主节点发起。从节点也称子节点，在没有收到来自主节点的请求时，不能发送数据。从节点之间不互相通信。每个从节点都必须拥有唯一的地址，范围是 1~247。

主节点以单播和广播两种模式向从节点发送请求。在单播模式下，主节点以特定地址访问某个从节点，从节点接收到并处理完请求后，返回 1 个应答，如图 8-7 所示。

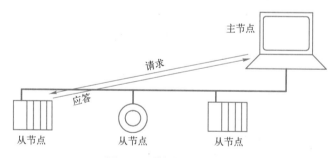

图 8-7　单播模式示意图

在广播模式下，主节点将通信地址设置为 0，向所有的节点发送请求。从节点无须应答广播请求。广播请求一般用于写命令，所有设备都必须接受广播模式的写功能，如图 8-8 所示。

小提示：

广播模式与单播模式的区别很好理解。想象老师在上课，老师就是课堂上的主节点，同学们就是从节点。老师让所有同学都写作业，就是广播模式，不需要指明某个同学，每个同学都要执行，且不用回复；老师单独提问某个同学，就是单播，这个同学需要回答老师的问题，即便答不上来也要有所反馈，否则老师就会认为这个同学缺勤或者掉线了。同学们之间不能相互窃窃私语。没有被问到的同学也不能说话，如果老师讲课时某个同学插话，可能导致所有人都听不清老师说什么了。

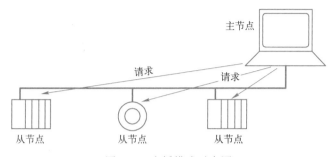

图 8-8　广播模式示意图

主节点发送广播请求后，虽然不需要应答，但是仍然会等待一段时间，以确保所有的从节点有时间处理广播请求。当它给特定从节点发送请求以后，会等待应答，如果在特定时间内收到期望从节点的应答，则处理应答。如果收到非期望从节点的应答，或者在特定时间内没有收到应答，则进入出错处理。它的工作状态如图 8-9 所示。

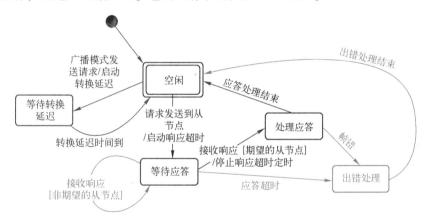

图 8-9　主节点的工作状态示意图

从节点不能主动发送数据，它要等待主节点的请求，然后处理请求。如果是单播模式，还需要应答。如果请求不是发给自己的，不用处理。如果请求数据中有错误，要进行错误应答。它的工作状态如图 8-10 所示。

当主从节点都能遵守通信协议时，总线上是繁忙有序的。主节点向某个从节点请求数据，从节点在一定时间内应答。未被请求的从节点不应答。主节点发送广播数据后稍加等待，从节点无须应答。通信时序如图 8-11 所示。

Modbus 的 RTU 报文帧以 16 进制来传输数据，没有特定字符作为结束符。这一点与之前学过的 ASCⅡ报文帧不同。RTU 报文帧由 2 个字节 CRC 校验位结尾。Modbus 的 2 个报文帧间长至少为 3.5 个字符时间的空闲间隔区分，同一帧的 2 个字节之间间隔不得大于 1.5 个字符时间，如图 8-12 所示。

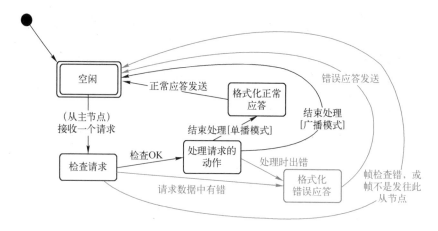

图 8-10　从节点的工作状态示意图

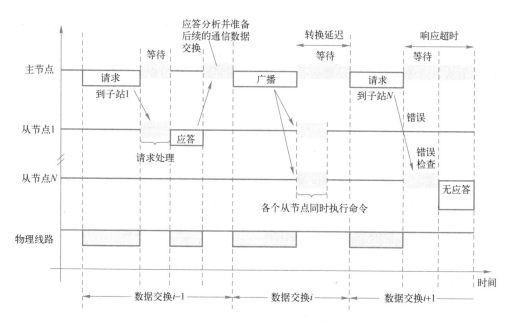

图 8-11　主从节点通信时序示意图

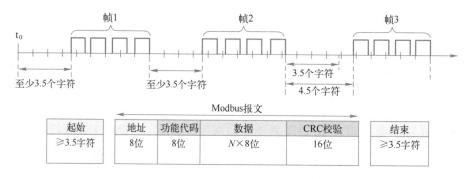

图 8-12　RTU 报文帧间隔

8.1.3　定时器截断串口数据思路

Modbus 协议的 RTU 报文截断需要 3.5 个字符时间。字符时间与波特率相关，以 9 600 波特率为例，一个字节的数据共（起始+8 位数据+结束＝）10 位，一位是 104 μs，所以一个字符时间为 1.04 ms，3.5 个字符，不到 4 ms。有时可能有校验位，可以把截断时间稍微延长，设置为 5 ms。这个 5 ms 的时间可以使用定时器来计时。

串口每收到 1 个字节都会进入一次串口中断服务。串口收到数据以后，清零定时器，根据索引判断是不是一帧数据中的第 1 个，如果是第 1 个，就开启定时器。定时器作为"闹钟"，总是 5 ms 以后响起；除非在 5 ms 之内，再收到 1 个字节，重新设置闹钟，那么闹钟响起的时间，就会再推迟 5 ms。

当闹钟响起以后，说明有 5 ms 的时间没有收到新的数据，那么就把接收完成标记置 1，在主函数内处理收到的数据，实现先收到什么就发出什么。思路如图 8-13 所示。

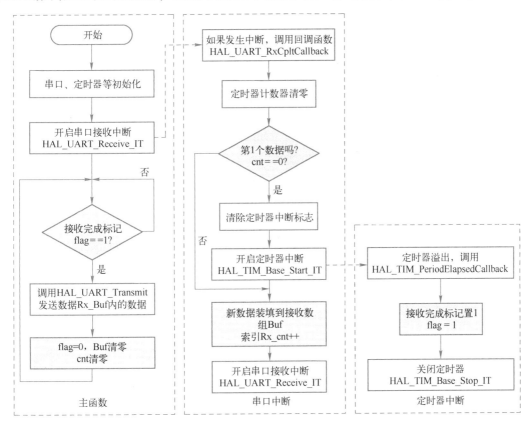

图 8-13　定时器截断串口数据流程图

小提示：

再举两个小例子方便理解。假设学校操场的门很小，一次只能通过 1 名同学。课间操结束后，所有班级的同学排成一路纵队离开操场。想象一下你站在门口，看着同学们鱼贯而出。同一班级的同学比较熟，距离近，是 1 米以内；每个班级的最后 1 名同学，和下一个班级的第 1 名同学，距离超过 2 米。根据同学们的间隔，你就能够分清楚哪些同学是一个班的。每个同学都像是 1 位数据，每个班就是 1 帧数据，根据每个数据的间隔，也就能正确地截断一帧数据了。

接下来这个例子是个笑话。有个猎户被五步蛇咬了，只要走 5 步，就会中毒而死。于是他赶紧抓住毒蛇，每走 4 步，就让蛇再咬自己 1 口，然后就能再走 4 步。被咬了几百口以后，他终于找到了大夫。猎户让蛇咬一口，就类似于清零定时器，把定时器溢出的时间重新设定为 5 ms 以后。

任务实施

1. 配置 STM32CubeMX

配置串口控制引脚

RS485 的通信芯片的驱动器/接收器使能引脚与 PA8 相连，如图 8-14 和图 8-15 所示。

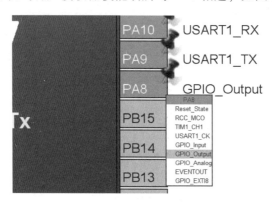

图 8-14　设置 PA8 为通用输出操作示意图

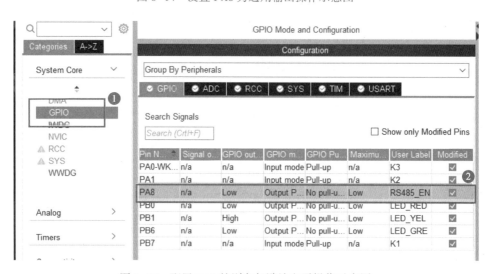

图 8-15　配置 PA8 的别名与默认电平操作示意图

（1）在 Pinout & Configuration 页面下选择 System Core，单击 GPIO（见①）。界面右边会显示相应的 GPIO Mode and Configuration。

（2）选中 PA8，GPIO output level 设置为 Low，GPIO Pull 设置为 No pull-up and No-pull-down，User Label 设置为 RS485_EN，将 PA8 设置为通用输出引脚，并且取别名，设置默认下拉（见②）。

　　由于 RS485 通信的节点多，一般情况下通信距离比较远，所以波特率一般不设置太高。将串口 1 的波特率修改为 9 600。如图 8-16 所示，在 STM32CubeMX 中找到 USART1（见①与②），修改 Baud Rate 属性为 "9600 Bits/s"（见③）。

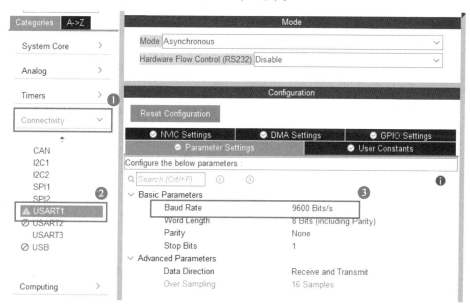

图 8-16　修改串口 1 波特率操作示意图

配置定时器

　　将 TIM2 配置为截断串口数据的定时器，设置时钟源为内部时钟，溢出时间配置为 5 ms。如图 8-17 所示，找到 TIM2（见①与②），在 Clock Source 下拉菜单中选择 Internal Clock（见③），使能 TIM2，然后将 Prescaler 设置为 7199，Counter Period 设置为 49（见④），则溢出时间为 5 ms。

　　在 NVIC 控制器中开启 TIM2 的全局中断，并赋予优先级。如图 8-18 所示，在 NVIC（见①）下找到 TIM2 的全局中断（见②），勾选使能并赋予优先级。

　　完成以上操作后生成代码。

2. RS485 数据发送

　　RS485 通信使用串口 1 实现，因此接收数据的数组，接收完成的标志，以及缓存数组都使用串口 1 的即可。使用宏定义设置通信芯片控制引脚。

```
1.  //USART. h
2.  //设置为驱动器,控制引脚高电平
3.  #define SET_RS485_SEND        HAL_GPIO_WritePin( RS485_EN_GPIO_Port, RS485_EN_Pin,
    GPIO_PIN_SET)
4.  //设置为接收器,控制引脚低电平
5.  #define SET_RS485_RECEIVE     HAL_GPIO_WritePin( RS485_EN_GPIO_Port, RS485_EN_Pin,
    GPIO_PIN_RESET);
```

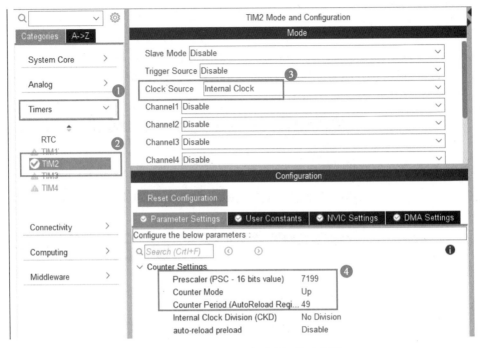

图 8-17　配置 TIM2 定时器操作示意图

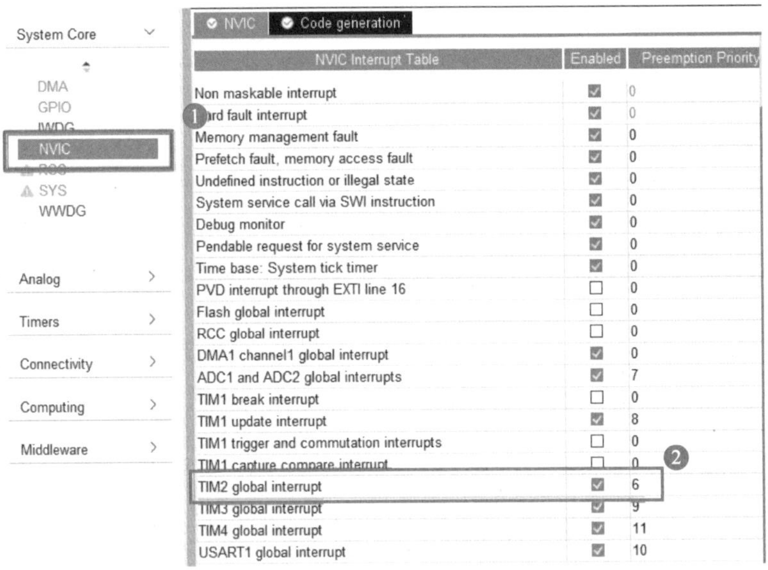

图 8-18　开启 TIM2 全局中断操作示意图

　　RS485 的数据发送函数,其实就是调用串口 1 的发送函数,只是在发送数据之前,把 RS485 的通信芯片设置为驱动器模式,发送数据完毕后,设置为接收器模式。相比于串口 1 的发送函数,RS485 发送函数的参数保留数据指针与数据长度 2 个参数。串口句柄固定为串口 1,阻塞时间设为无限大,直到数据发送完毕为止。由于 RS485 使用 RTU 的数据帧,以 16 进制进行数据传输,因此可以不用重定向 printf 函数。

```
1.  //USART. c
2.  /**
3.   * @brief RS485 数据发送函数
4.   * @param 数据指针,数据长度
5.   * @note 使用串口 1 发送数据,发送完毕之后要设置为接收器
6.   * @retval None
7.   */
8.  void RS485_Send( uint8_t * pData, uint16_t Size)
9.  {
10.     SET_RS485_SEND;
11.     HAL_UART_Transmit( &huart1,pData,Size,0xffff) ;
12.     SET_RS485_RECEIVE;
13. }
```

在主函数中,新建一个临时数组,用于产生一组测试数据。只要按键按下,就调用 RS485 的数据发送函数,通过 RS485 总线向计算机端的串口调试软件发送函数。

```
1.  //main. c
2.  int main( void)
3.  {
4.     uint8_t tempBuf[5] = {0,1,2,3,4}；  //RS485 发送测试数组
5.     while (1)
6.     {
7.       if( KeyFlag)
8.       {
9.         RS485_Send( tempBuf,5) ;
10.        KeyFlag =0;
11.      }
12.    }
13. }
```

完成以上操作后,编译下载程序。计算机端要使用 USB 转 RS485 的模块,与单片机电路板的 RS485 接口进行"A 对 A、B 对 B、地对地"连接。计算机端仍然是打开串口调试软件观察数据。但是要注意,本任务的连接方式与串口通信任务相比是不一样的,区别如图 8-19 所示。

正确连接硬件以后,打开串口调试软件,设置波特率为 9 600,HEX 显示(16 进制显示)。按下单片机开发板按键,应当可以看到串口调试软件收到如图 8-20 所示的数据,说明单片机成功发出了 RS485 的数据。

3. RS485 数据接收

单片机收到 RS485 的数据以后,会进入串口中断回调函数。改写回调函数如下:

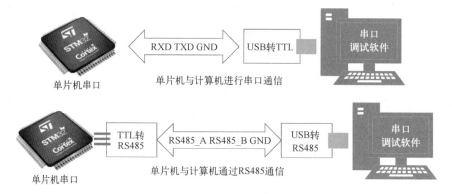

图 8-19 串口通信与 RS485 通信连接方式的区别

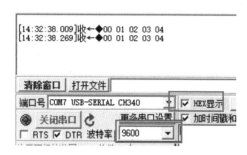

图 8-20 串口调试软件收到测试数据现象

```
1.   //UART. c
2.   / **
3.    * @ brief 串口中断回调函数
4.    * @ param 调用回调函数的串口
5.    * @ note 串口每次收到数据以后都会关闭中断,如需重复使用,必须再次开启
6.    * @ retval None
7.    * /
8.   void HAL_UART_RxCpltCallback( UART_HandleTypeDef * huart)
9.   {
10.    if( huart->Instance = = USART1)
11.    {
12.       __HAL_TIM_SET_COUNTER(&htim2,0) ;        //清除定时器的计数器,时间也清零了
13.       if(0 = = Uart1ReceiveCnt)                //如果是第一个字节,则开启定时器
14.       {
15.         __HAL_TIM_CLEAR_FLAG( &htim2,TIM_FLAG_UPDATE) ;
16.         HAL_TIM_Base_Start_IT(&htim2) ;        //开启定时器中断前,清除标志位
17.       }
18.       Uart1ReceiveBuf[ Uart1ReceiveCnt] = Uart1Temp[0] ;   //装填新的数据到接收数组
19.       Uart1ReceiveCnt++;                       //下标+1
```

```
20.        HAL_UART_Receive_IT(&huart1,(uint8_t *)Uart1Temp,REC_LENGTH);   //重新开启串口
接收中断
21.   }
22. }
```

只要进入了定时器的中断函数，就说明一帧数据截断完毕，可以设置接收完成的标志位。

```
1.  //UART.c
2.  /**
3.   * @brief 定时器回调函数,定时器中断服务函数调用
4.   * @param 定时器中断序号
5.   * @retval None
6.   */
7.  void HAL_TIM_PeriodElapsedCallback(TIM_HandleTypeDef * htim)
8.  {
9.  if(htim==(&htim2))                      //截断 RS485 通信定时器
10.   {
11.       LED_RED = ! LED_RED;
12.       Uart1ReceiveFlag =1;              //接收完成标志
13.       HAL_TIM_Base_Stop_IT(&htim2);     //关闭定时器
14.   }
15. }
```

在主函数的死循环中，判断串口接收完成标志位，如果收到了一帧数据，就原样发送出去，并把接收数组的下标清零。

```
1.  //main.c mian()
2.    while (1)
3.    {
4.     if(Uart1ReceiveFlag)
5.     {
6.        RS485_Send(Uart1ReceiveBuf,Uart1ReceiveCnt);
7.        Uart1ReceiveCnt =0;
8.        Uart1ReceiveFlag =0;
9.     }
10.   }
```

下载程序，正确连接硬件，打开串口调试软件，设置发送模式与接收模式都是 HEX，如图 8-21 所示。应当可以看到，串口调试软件发送的数据，都会被单片机原样返回，而且不限长度，无须结束符，即实现了"应声虫"的功能。

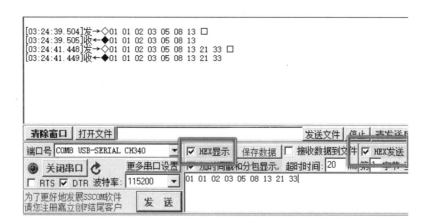

图 8-21　RS485 应声虫功能示意图

任务8.2　Modbus 光敏传感器

任务分析

本任务实现 Modbus 光敏传感器，将光敏传感器的数据按照 Modbus 协议上传给计算机。需要首先设定通信协议，通信协议找包含 CRC 校验的原理。然后实现按下按键，打印光照度的功能。最后根据协议，响应主节点的请求。

知识准备

8.2.1　校验

数据在传输的过程中可能出错，需要校验。常见的校验方式有以下几种。

1. 奇偶校验

在设置串口模式的时候，已经介绍过奇偶校验。使用奇偶校验，要添加一个校验位。以奇校验为例，数一数前边的 8 个数据位，一共有几个 1，第 9 个位可以写成 0 或 1，让 1 的数量变为奇数。比如 0000 1111 采用奇校验，就会变为 0000 1111 1。如果是低位在前，发送的数据顺序实际为 1 1111 0000。如果 0000 1110 采用奇校验，就会变为 0000 1110 0。偶校验则通过校验位保持偶数个 1。它的缺点是显而易见的，数据位变多，发送速度慢，且只有 50% 的概率检查出错误。

2. 累加校验

累加校验的实现方式有很多种，最常用的一种是在通信数据包的最后加入一个字节的校验数据。这个字节内容为前面数据包中全部数据的和，只取低 8 位。比如要传输的信息为 1、23；加上校验和后的数据包为 1、23、24。24 为前 2 个字节的校验和。接收方收到全部数据后对前 2 个数据进行同样的累加计算，如果累加和与最后一个字节相同的话，就认为传输的数据没有错误。

累加校验检错能力比较一般，对于单字节的校验和大概有 1/256 的概率将原本是错误的通信数据误判为正确数据。

3. CRC 校验

CRC 校验，又叫作循环冗余校验。CRC 校验在传输数据的形式上与累加校验相同，都可以表示为：通信数据+校验字节。它的基本思想是将传输的数据当作位数很长的一个数。将这个数除以另一个数，得到的余数作为校验数据附加到原数据后面。

仍以 1、23 为例，将其转换为 2 进制：0000 0001 0001 0111，用这个数字除以 1 个数字，比如 9（0b1001），则余数一定小于 9，用 4 个位表示。为了计算简便，定义的“除法”既不进位，也不借位，用异或来实现。那么求余数的计算过程如图 8-22 所示。

```
1001√000100010111
        1001
        ----
         1101
         1001
         ----
          1001
          1001
          ----
           0001
```

图 8-22　求余数示例

将计算得到的 0001 附加到原数后边即可。CRC 校验中，除数是精心挑选的，除数能决定余数剩下几位。剩下 8 位就是 CRC8，剩下 16 位就是 CRC16。这个除数的选择是至关重要的，Modbus 协议中确定了一个标准，采用 CRC16 校验，并且附带了 CRC 校验的计算方法。

8.2.2　光敏传感器的协议设计

光敏传感器本身只需上传数据，因此实现 03 功能码就够了。为了学习更多的内容，假设光敏传感器也具备执行单元的功能，能够响应写单个寄存器的 06 功能码，根据协议内容操作 LED。制定 5 条通信协议，如表 8-2 所示。如果收到错误的数据，暂时不处理。

表 8-2　光敏传感器通信协议

广播写单个寄存器	请求	设备号	功能码	寄存器起始地址		数据		CRC 校验		
		00	06	00	00	00	00	crcl	crch	
单播读多个寄存器	请求	设备号	功能码	寄存器起始地址		寄存器单元长度		CRC 校验		
		id	03	00	00	00	04	crcl	crch	
	响应	设备号	功能码	字节数	数据				CRC 校验	
		id	03	04	00	00	00	00	crcl	crch
单播写单个寄存器	请求	设备号	功能码	寄存器起始地址		数据		CRC 校验		
		id	06	00	00	00	00	crcl	crch	
	响应	设备号	功能码	寄存器起始地址		数据		CRC 校验		
		id	06	00	00	00	00	crcl	crch	

设定光敏传感器的设备号为 01，寄存器 01 到 04 存储光照度信息，05 存储 LED 引脚的电平状态。此处的寄存器与单片机内部的寄存器并无关联，只是沿用 Modbus 协议的说法，一个寄存器可以理解为储存一个字节数据的内存单元。一组测试示例如表 8-3 所示。存储 1~1 000 lx 的光照度只需要 2 个字节，为了与其他传感器数据对齐，多的 2 个字节保留。通信协议不定长。

表 8-3   光敏传感器通信协议实例

LED 引脚写 0	请求	设备号	功能码	寄存器起始地址		数据		CRC 校验		
		00	06	00	05	00	00	1A	98	
读光照度	请求	设备号	功能码	寄存器起始地址		寄存器单元长度		CRC 校验		
		01	03	00	01	00	04	C9	15	
光照度 567 lx	响应	设备号	功能码	字节数	数据			CRC 校验		
		01	03	04	00	00	02	37	85	BA
LED 引脚写 1	请求	设备号	功能码	寄存器起始地址		数据		CRC 校验		
		01	06	00	05	00	01	0B	58	
	响应	设备号	功能码	寄存器起始地址		数据		CRC 校验		
		01	06	00	05	00	01	0B	58	

8.2.3   光敏传感器的程序设计思路

编写代码要步步为营,首先实现按下按键就上传发光照度数据的功能,确保 RS485 通信与 AD 的数据采集功能都正确。以下任务实施中的第 1 步的思路与多通道 AD 数据的 DMA 搬运是一模一样的,只是本任务获取的数据要按照 Modbus 协议装填,然后通过 RS485 总线发送。接收者仍然是计算机的串口调试软件,但是要明白数据经过了 RS485 总线。

以下任务实施的第 2 步中,光敏传感器节点要根据通信协议判断主机发送的命令,然后写引脚或者采集光照度数据。编程思路如图 8-23 所示。

任务实施

1. 上发光照度数据

首先实现按下按键,就上发光照度的数据的功能,调通读取光照度的代码以及 CRC 校验。然后再根据协议上发光照度数据。从《Modbus 协议中文版》里复制出 CRC 校验相关代码,节选如下。

```
1.   //UART. c
2.   const unsigned char auchCRCHi[ ] = {
3.   0x00, 0xC1, 0x81, 0x40, 0x01, 0xC0, 0x80, 0x41, 0x01, 0xC0,0x80, ......
4.   0xC0, 0x80, 0x41, 0x01, 0xC0,0x80, 0x41, 0x00, 0xC1, 0x81, 0x40} ;
5.   const unsigned char auchCRCLo[ ] = {
6.   0x00, 0xC0, 0xC1, 0x01, 0xC3, 0x03, 0x02, 0xC2, 0xC6, 0x06,0x07, ......
7.   0x47, 0x46, 0x86, 0x82, 0x42,0x43, 0x83, 0x41, 0x81, 0x80, 0x40} ;
8.
9.   / **
10.    * @ brief Modbus CRC 校验
11.    * @ param 数组地址与长度
12.    * @ note   Modbus 规定的 CRC 校验,与其他 CRC 可能不一样
13.    * @ retval 16 位的校验结果
14.    * /
```

```
15.  unsigned short CRC_Compute( unsigned char ＊ puchMsg, unsigned short usDataLen)
16.  {
17.    unsigned char uchCRCHi = 0xFF ;
18.    unsigned char uchCRCLo = 0xFF ;
19.    unsigned int uIndex ;
20.    while ( usDataLen－－)
21.    {
22.      uIndex = uchCRCHi ^ ＊ puchMsg++ ;
23.      uchCRCHi = uchCRCLo ^ auchCRCHi[ uIndex ] ;
24.      uchCRCLo = auchCRCLo[ uIndex ] ;
25.    }
26.  return ( (uchCRCHi<< 8)　|(uchCRCLo )) ;
27.  }
```

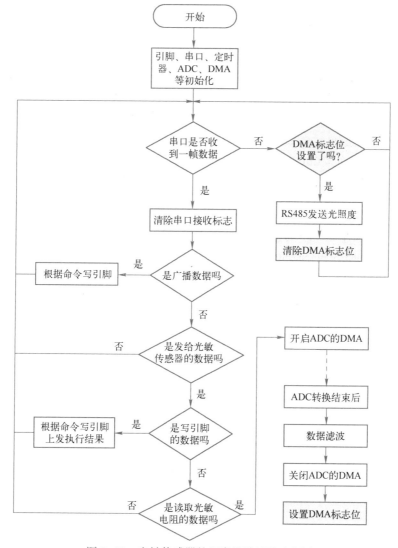

图 8-23　光敏传感器的程序设计思路流程图

主函数中检测按键情况，如果按键按下，开启 ADC1 的 DMA 通道。然后判断 DMA 标志位的状态。读取完毕以后，计算光照度，装填到数组中，附上 CRC 校验，把数据发送出去。DMA 搬运的其他通道的数据如果用不上，可以自行取消。代码如下。

```
1.  //main. c main( )    while( 1)
2.      if( KeyFlag)
3.      {
4.          //开启 ADC1 的 DMA 通道
5.          HAL_ADC_Start_DMA( &hadc1,( uint32_t * ) AD_Buf, ADC_DMA_BUF_LEN);
6.          KeyFlag =0;
7.      }
8.      if( DMA_Flag)
9.      {
10.         unsigned short lux = 0;              //计算光照度临时变量
11.         unsigned short crcTemp = 0;          //crc 校验临时变量
12.         //从 AD 值计算电阻值
13.         uint32_t PhotoResistor = ( uint32_t)( 10240000/( 1. 1 * ADC1_AVG_Buf[ 4]) - 2500);
14.         //从电阻值计算光照度
15.         lux = GetLux( PhotoResistor);
16.         //装填光照度到数组的 5、6 号元素
17.         photoResBuf[ 5] = lux>>8;
18.         photoResBuf[ 6] = lux&0xff;
19.         crcTemp = CRC_Compute( photoResBuf,9);
20.         //CRC 校验 2 字节,注意低位在前
21.         photoResBuf[ 7] = crcTemp&0xff;
22.         photoResBuf[ 8] = crcTemp>>8;
23.         //通过 485 发送传感器数据
24.         RS485_Send( photoResBuf,9);
25.         DMA_Flag = 0;
26.     }
```

正确连接硬件。运行代码，观察现象。应该可以看到，按下按键以后，串口调试软件收到符合自定协议的光照度数据，如图 8-24 所示。

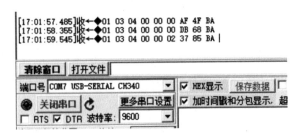

图 8-24　按键发送光照度数据现象

2. 主节点数据判断与处理

光敏传感器节点收到主节点的请求后，会在 TIM2 中断里设置串口接收完成的标志位。在主函数的死循环中判断标志位的情况，并判断设备号、功能码，CRC 校验等情况，做相应处理。代码如下。

```
1.  //main. c main( )    while(1)
2.  if( Uart1ReceiveFlag)
3.  {
4.    if( BROADCAST = = Uart1ReceiveBuf[0])//广播
5.    {
6.      //CRC 校验
7.      unsigned short crctemp = CRC_Compute( Uart1ReceiveBuf,Uart1ReceiveCnt−2) ;
8.      if( ( Uart1ReceiveBuf[ Uart1ReceiveCnt−1]<<8 | Uart1ReceiveBuf[ Uart1ReceiveCnt−2]) = = crc-
    temp)
9.      {
10.       //写引脚 功能码 06 引脚地址默认 05
11.       if( ( 0x06 = = Uart1ReceiveBuf[1])&&( 0x05 = = Uart1ReceiveBuf[3]))
12.         LED_RED = Uart1ReceiveBuf[5] ;
13.      }
14.    }
15.    else if( PHOTO_RES = = Uart1ReceiveBuf[0])
16.    {
17.      //CRC 校验
18.      unsigned short crctemp = CRC_Compute( Uart1ReceiveBuf,Uart1ReceiveCnt−2) ;
19.      if( ( Uart1ReceiveBuf[ Uart1ReceiveCnt−1]<<8 | Uart1ReceiveBuf[ Uart1ReceiveCnt−2]) = = crc-
    temp)
20.      {
21.        //写引脚 功能码 06 引脚地址默认 05
22.        if( ( 0x06 = = Uart1ReceiveBuf[1])&&( 0x05 = = Uart1ReceiveBuf[3]))
23.        {
24.          LED_RED = Uart1ReceiveBuf[5] ;
25.          //单播数据需要返回
26.          RS485_Send( Uart1ReceiveBuf,Uart1ReceiveCnt) ;
27.        }
28.        //读光照度 功能码 03 光照度默认地址 01 4 字节
29.        if( ( 0x03 = = Uart1ReceiveBuf[1])&&( 0x01 = = Uart1ReceiveBuf[3]))
30.        {
31.          //开启 ADC1 的 DMA 通道
32.          HAL_ADC_Start_DMA( &hadc1,( uint32_t * )AD_Buf,ADC_DMA_BUF_LEN) ;
33.        }
34.      }
35.    }
```

```
36.    Uart1ReceiveCnt = 0;
37.    Uart1ReceiveFlag = 0;
38.  }
```

正确连接硬件。运行代码，观察现象。串口调试软件可以记录几条测试命令，如图 8-25 所示。

（1）单击软件右侧的隐藏按钮（见①），打开扩展页面；

（2）在扩展页面中设置如图所示的测试数据，勾选 HEX，然后填入测试数据，双击可编辑注释（见②）；

（3）单击发送测试数据（见③），观察输出窗口数据的发送与接收情况。判断光敏传感器返回的数据是否正确，以及对应 LED 有没有改变状态。

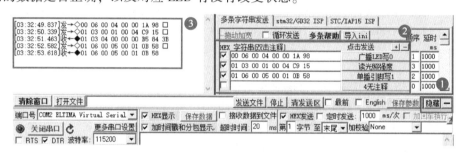

图 8-25　光敏传感器数据测试现象

任务8.3　Modbus 温湿度传感器

任务分析

获取温湿度比获取光照度稍微复杂一点，本任务选取的温湿度传感器是单总线的数字温湿度传感器，使用它要遵循一定的协议；Modbus 温湿度传感器与主节点的通信，也要遵循一定的协议，这个协议可以仿照光敏传感器的协议。本任务会先获得温湿度传感器的数据，然后根据协议响应计算机的请求，最后实现多路的环境采集系统，即光敏传感器与温湿度传感器同时接入总线内，根据主节点的数据请求，回复传感器数据。

知识准备

8.3.1　DHT11 工作原理与单总线协议

图 8-26　DHT11 温湿度传感器

DHT11 数字温湿度传感器是一款含有已校准数字信号输出的温湿度复合传感器。传感器包括一个电容式感湿元件和一个 NTC 测温元件，并与一个高性能 8 位单片机相连接。它成本低、长期稳定、比较准确，因此广泛应用于家电、医疗、农业等领域。DHT11 温湿度传感器如图 8-26 所示。

DHT11 器件采用简化的单总线通信。单总线即只有一根数据线，系统中的数据交换、控制均由单总线完成。主机或从机通过一个漏极开路或三态端口连至该数据线，它们在不发送数据时能够释放总线，让其他设备使用总线；单总线需要外接一个约 4.7 kΩ 的上拉电阻，总线闲置时，其状态为高电平。单总线是主从结构，只有主机呼叫从机时，从机才能应答，因此主机与从机都必须严格遵循单总线序列。总线的通信时序如图 8-27 所示。

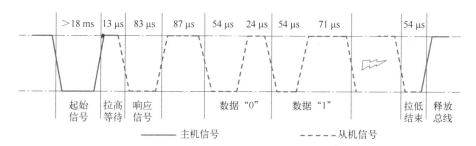

图 8-27 DHT11 的通信时序图

单片机作为主机，先发送起始信号，把数据总线拉低至少 18 ms（最大不得超过 30 ms），通知传感器准备数据。传感器把数据总线拉低 83 μs，再拉高 87 μs 以响应主机的起始信号。收到主机起始信号后，传感器一次性从数据总线串出 40 位数据，高位先出。不建议连续多次读取传感器，每次读取传感器间隔要大于 2 s。

数据格式：8 位湿度整数数据+8 位湿度小数数据+8 位温度整数数据+8 位温度小数数据+8 位校验位。其中湿度小数部分为 0。校验位采用没有进位的累加校验，等于"8 位湿度整数数据+8 位湿度小数数据+8 位温度整数数据+8 位温度小数数据"所得结果的末 8 位。暂时不考虑温度低于 0℃ 的情况。

例如接收到的 40 位数据为：0011 0101 0000 0000 0001 1000 0000 0100 0101 0001。

计算校验位：0011 0101+0000 0000+0001 1000+0000 0100= 0101 0001，接收数据正确。

湿度：整数 0011 0101=0x35=53%RH，小数部分为 0。

温度：整数 0001 1000=0x18=24℃，小数 0000 0100=04H=0.4℃，结果为 24.4℃。

8.3.2 温湿度传感器的协议设计

温湿度传感器与光敏传感器的通信协议类似，都实现 03、06 功能码，响应广播，具体参照表 8-2。设定温湿度传感器的设备号为 02，寄存器 01 到 04 存储湿度与温度信息，05 存储 LED 引脚的电平状态。一组测试示例如表 8-4 所示。

表 8-4 温湿度传感器通信协议通信实例

		设备号	功能码	寄存器起始地址		数据		CRC 校验	
LED 引脚写 0	请求								
		00	06	00	05	00	00	1A	98
读温湿度	请求	设备号	功能码	寄存器起始地址		寄存器单元长度		CRC 校验	
		02	03	00	01	00	04	FA	15
温度 29.2℃湿度 25%	响应	设备号	功能码	字节数	湿度		温度		CRC 校验
		02	03	04	19	00	1D	02	FE	46

续表

LED 引脚写 1	请求	设备号	功能码	寄存器起始地址		数据		CRC 校验	
		02	06	00	05	00	01	38	58
	响应	设备号	功能码	寄存器起始地址		数据		CRC 校验	
		02	06	00	05	00	01	38	58

经过测量，单片机每次从发送起始信号到获得温湿度数据，需要大约 70 ms。因此 Modbus 协议中，给温湿度传感器的处理时间要大于 70 ms。考虑到温度与湿度都不会突变，也可以发送上次读取的数据，然后再读取温湿度的值。另外要注意，获取温湿度数据的间隔要大于 2 s。

本任务的思路与光敏传感器大同小异，都是先编写测试程序，按键按下则采集数据。然后收到主机的数据后判断是否发给自己，以及是否需要回复传感器数据。不同之处在于，温湿度数据通过单总线协议驱动 DHT11 传感器采集，无须使用 DMA。

任务实施

1. 驱动 DHT11 传感器

仍然先实现按下按键就发送温湿度数据的功能，调通读取温湿度的代码。

首先在 STM32CubeMX 中定义 1 个单总线的通信引脚 PB10，命名为 DHT11。这个引脚有时作为输出，有时作为输入，此时并不关心它的引脚模式，如图 8-28 所示。

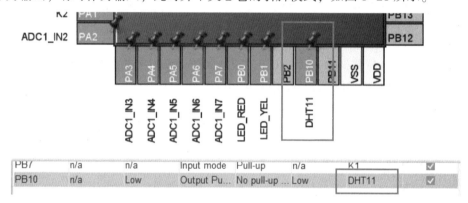

图 8-28　PB10 取别名 DHT11 操作示意图

新建 DHT11.c 与 DHT11.h 文件并添加到工程中。编写 2 个函数，分别用于把 DHT11 引脚设置为输出与输入。

```
1.  //DHT11.c
2.
3.  /**
4.   * @brief DHT11 引脚设置为输出模式
5.   * @param None
6.   * @retval None
7.   */
```

```
8.    static void DHT11_Mode_OUT_PP(void)
9.    {
10.       GPIO_InitTypeDef GPIO_InitStruct;
11.       GPIO_InitStruct.Pin = DHT11_Pin;
12.       GPIO_InitStruct.Mode = GPIO_MODE_OUTPUT_PP;
13.       GPIO_InitStruct.Speed = GPIO_SPEED_FREQ_LOW;
14.
15.       HAL_GPIO_Init(DHT11_GPIO_Port, &GPIO_InitStruct);
16.    }
17.
18.    /**
19.     * @brief DHT11 引脚设置为输入模式
20.     * @param None
21.     * @retval None
22.     */
23.    static void DHT11_Mode_IN_NP(void)
24.    {
25.       GPIO_InitTypeDef GPIO_InitStruct;
26.       GPIO_InitStruct.Pin = DHT11_Pin;
27.       GPIO_InitStruct.Mode = GPIO_MODE_INPUT;
28.       GPIO_InitStruct.Pull = GPIO_NOPULL;
29.
30.       HAL_GPIO_Init(DHT11_GPIO_Port, &GPIO_InitStruct);
31.    }
```

在 DHT11.h 中定义关于 DHT11 输入与输出的引脚操作、DHT11 读取的状态，以及用于保存数据的结构体。

```
1.    //DHT11.h
2.    #define DHT11_IN      HAL_GPIO_ReadPin(DHT11_GPIO_Port,DHT11_Pin)
3.    #define DHT11_OUT_1   HAL_GPIO_WritePin(DHT11_GPIO_Port, DHT11_Pin, GPIO_PIN_SET)
4.    #define DHT11_OUT_0   HAL_GPIO_WritePin(DHT11_GPIO_Port, DHT11_Pin, GPIO_PIN_RESET)
5.
6.    #define DHT11_OK      1
7.    #define DHT11_ERR     2
8.    #define DHT11_BUSY    3
9.
10.   typedef struct
11.   {
12.      uint8_t humi_int;          // 湿度的整数部分
13.      uint8_t humi_deci;         // 湿度的小数部分
14.      uint8_t temp_int;          // 温度的整数部分
15.      uint8_t temp_deci;         // 温度的小数部分
```

```
16.    uint8_t check_sum;              // 校验和
17. } DHT11_Data_TypeDef;             // DHT11 数据结构体
18.
```

当 DHT11 开始发送数据以后，总是先把电平拉低 54 μs，数据"0"与"1"的区别在于，数据"0"的高电平持续 24 μs，而数据"1"的高电平持续 71 μs。代码可以检测低电平，当低电平结束后，延时一段时间，这段时间大于 24 μs，小于 71 μs，如 50 μs，再次检测电平。如果是低电平，那么说明收到了"0"；如果是高电平则收到了"1"。读取 1 个字节的代码如下。

```
1.  //DHT11. c
2.  /**
3.   * @brief 从 DHT11 读取 1 个字节
4.   * @param None
5.   * @retval 读到的字节
6.   */
7.  uint8_t DHT11_ReadByte(void)
8.  {
9.    uint8_t i, temp = 0;
10.   for (i = 0; i < 8; i++)
11.   {
12.     while (DHT11_IN == 0);                    // 等待低电平结束
13.     DelayUs(50);
14.     if (DHT11_IN == 1)                        //收到"1"
15.     {
16.       while (DHT11_IN == 1);                  // 等待高电平结束
17.       temp |= (uint8_t)(0X01 << (7 - i));     // 先发送高位 MSB
18.     }
19.     else                                      //收到"0"
20.     {
21.       temp &= (uint8_t) ~ (0X01 << (7 - i));
22.     }
23.   }
24.   return temp;
25. }
```

一次完整的读取数据的流程，由单片机发送起始信号开始，然后 DHT11 发出响应信号，接着连续发送 5 个字节，最后 DHT11 释放总线，由单片机拉高电平。读取 1 次数据的函数如下。

```
1.  //DHT11. c
2.  /**
3.   * @brief 从 DHT11 读取一次数据,共 5 个字节
4.   * @param None
5.   * @retval 读取的状态
```

```
6.       */
7.    uint8_t DHT11_ReadData(DHT11_Data_TypeDef * DHT11_Data)
8.    {
9.        DHT11_Mode_OUT_PP();              // 主机输出,主机拉低
10.       DHT11_OUT_0;
11.       HAL_Delay(18);                    // 延时 18 ms
12.       DHT11_OUT_1;                      // 主机拉高,释放总线
13.       DelayUs(50);
14.
15.       DHT11_Mode_IN_NP();              // 主机输入,获取 DHT11 数据
16.       if(DHT11_IN == 0)                // 收到从机应答
17.       {
18.           while(DHT11_IN == 0);        // 等待从机应答的低电平结束
19.           while(DHT11_IN == 1);        // 等待从机应答的高电平结束
20.           /* 开始接收数据 */
21.           DHT11_Data->humi_int  = DHT11_ReadByte();
22.           DHT11_Data->humi_deci = DHT11_ReadByte();
23.           DHT11_Data->temp_int  = DHT11_ReadByte();
24.           DHT11_Data->temp_deci = DHT11_ReadByte();
25.           DHT11_Data->check_sum = DHT11_ReadByte();
26.
27.           DHT11_Mode_OUT_PP();         // 读取结束,主机拉高
28.           DHT11_OUT_1;
29.
30.           // 数据校验
31.           if(DHT11_Data->check_sum == DHT11_Data->humi_int + DHT11_Data->humi_deci + DHT11
      _Data->temp_int + DHT11_Data->temp_deci)
32.           {
33.               return DHT11_OK;
34.           }
35.           else
36.           {
37.               return DHT11_ERR;
38.           }
39.       }
40.       else                             // 未收到从机应答
41.       {
42.           return DHT11_BUSY;
43.       }
44.    }
```

在主函数中，初始化阶段先读取一次温度。判断按键状态，如果按键按下，就调用函数 DHT11_ReadData。根据函数的返回值能够判断读取温湿度的结果。如果显示传感器忙，则

发送上一次读取的温湿度。代码如下。

```
1.   //main. c mian( )
2.     DHT11_Data_TypeDef DHT11_Data;
3.     DHT11_ReadData(&DHT11_Data);           //上电先读取 1 次温湿度
4.     while (1)
5.     {
6.       if( KeyFlag)
7.       {
8.         LED_RED = 1;                        //LED 闪烁一次   作为读取标记
9.         unsigned temp = DHT11_ReadData(&DHT11_Data);
10.        if( DHT11_OK = = temp)
11.        {
12.          printf(" 温度:%d. %d℃ 湿度:%d%%\r\n",DHT11_Data. temp_int,DHT11_Data. temp_
     deci,DHT11_Data. humi_int);
13.        }
14.        else if( DHT11_ERR = = temp)
15.        {
16.          printf(" 数据出错。\r\n");
17.        }
18.        else
19.        {
20.          printf(" 传感器忙。");
21.          printf(" 温度:%d. %d℃ 湿度:%d%%\r\n",DHT11_Data. temp_int,DHT11_Data. temp_
     deci,DHT11_Data. humi_int);
22.        }
23.        LED_RED = 0;                        //LED 闪烁一次   作为读取标记
24.        KeyFlag = 0;
25.      }
26.
27.
```

正确连接硬件，下载程序，观察现象。应当可以看到，如果按下按键，那么串口会收到温湿度的数据。两次按键间隔小于 2 s，则会显示传感器忙，发送上一次的温湿度数据。现象如图 8-29 所示。

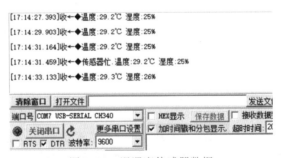

图 8-29   温湿度传感器数据

2. 响应请求与上发数据

温湿度传感器响应请求的代码与光敏传感器大同小异，完整代码参考配套工程文件。在通过 RS485 收到一帧数据后，判断设备号是否为 02。如果功能码是 03，装填发送数组的代码如下。

```
1.  //main. c mian( ) while( 1)
2.  //读温湿度 功能码03 温湿度默认地址01 4 字节
3.  if( ( 0x03 = = Uart1ReceiveBuf[1] ) && ( 0x01 = = Uart1ReceiveBuf[3] ) )
4.  {
5.    DHT11_ReadData( &DHT11_Data);      //读取温湿度,用时约70ms
6.    TempHumiBuf[3] = DHT11_Data. humi_int;
7.    TempHumiBuf[4] = DHT11_Data. humi_deci;
8.    TempHumiBuf[5] = DHT11_Data. temp_int;
9.    TempHumiBuf[6] = DHT11_Data. temp_deci;
10.
11.   unsigned short crcTemp = 0;              //crc 校验临时变量
12.   crcTemp = CRC_Compute(TempHumiBuf,7);
13.   //CRC 校验2字节,注意低位在前
14.   TempHumiBuf[7] = crcTemp&0xff;
15.   TempHumiBuf[8] = crcTemp>>8;
16.   //通过 485 发送传感器数据
17.   RS485_Send(TempHumiBuf,9);
18. }
```

正确连接硬件，改用 RS485 通信。在串口调试软件中发送读温湿度与温湿度引脚写 1 的请求，应当可以看到温湿度传感器正确响应了请求，如图 8-30 所示。

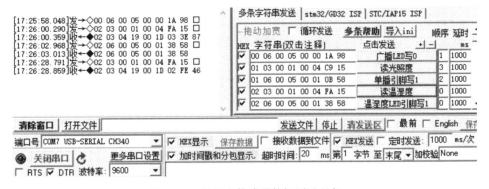

图 8-30　温湿度传感器数据测试现象

把温湿度传感器与光敏传感器同时通过 RS485 总线与计算机连接，可实现多路环境采集系统。这是串口一对一通信无法实现的功能。连接方式如图 8-31 所示，现象如图 8-32 所示。

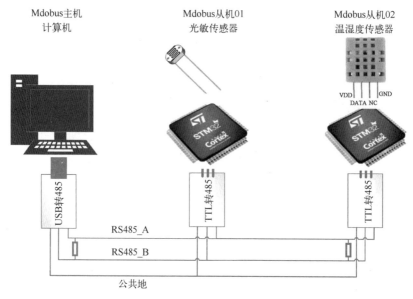

图 8-31　多路环境采集系统连接方式示意图

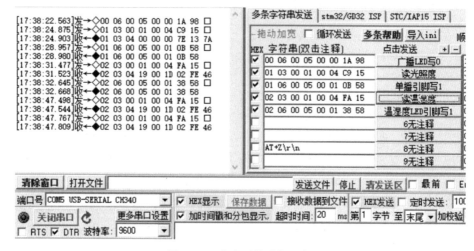

图 8-32　多路环境采集现象

实战强化

自行选择一个传感器模块，例如超声波传感器或者人体红外传感器，定义通信协议，调试代码，扩展多路环境采集系统的功能。

项目小结

RS485 通过 2 根差分线来传递数据，抗干扰性能比较好。

RS485 通常连接 3 根线，分别是 A 线、B 线和地线。

为了减少信号反射，RS485 的终端一般连接 120 Ω 的电阻。

RS485 为半双工通信，常与 Modbus 协议配合使用。

　　从单片机编写程序的角度来讲，进行 RS485 通信与使用串口逻辑类似，通常要增加 1 个控制引脚。

　　Modbus 协议是一种串行通信协议，通用 Modbus 帧通常由地址域、功能码、数据、差错校验这 4 部分组成。

　　03 功能码用于读多个寄存器；06 功能码用于写单个寄存器。

　　Modbus 协议采用主从通信方式，从节点在没有收到来自主节点的请求时，不能发送数据。

　　每个从节点都必须拥有唯一的地址，范围是 1~247；在广播模式下，主节点将通信地址设置为 0。

　　掌握 Modbus 协议的主从通信波形。

　　Modbus 协议的 RTU 报文帧以 16 进制来传输数据，没有特定字符作为结束符。2 个报文帧由长至少为 3.5 个字符时间的空闲间隔区分。

　　字符时间与波特率相关，9 600 波特率的一个字符时间为 1.04 ms，3.5 个字符可以使用定时器来计时 5 ms。

　　知道串口通信与 RS485 通信连接方式的区别，知道光敏传感器、温湿度传感器的连接方式。

　　掌握奇偶校验、累加校验与 CRC 校验的原理，能够手动计算简单的 CRC 校验。

　　掌握光敏传感器与温湿度传感器的协议设计。

　　掌握 DHT11 的通信时序图，能够讲述通过时序图写代码的思路。